GRÜNE HUNDSKOPFSCHLINGER
CORALLUS CANINUS UND *CORALLUS BATESII*

Mark Regent

In der Nacht lauert *C. caninus* auf vorbeikommende Beutetiere Foto: M. Neppe

Inhalt

Bildnachweis:
Titel: 1.Adultes Männchen von *Corallus caninus* mit gelber Bauchbeschuppung und schwarzen Sprenkeln auf dem Körper Foto: M. Regent
Kleines Bild: Jungtier der Grünen Hundskopfboa (*C. caninus*) im Alter von einer Woche Foto: M. Regent
Seite 1: In eleganten Körperschlingen liegt das Jungtier von *C. caninus* auf seinem Ast und wartet auf die Dämmerung Foto: M. Regent

ISBN: 978-3-86659-187-5

An der Kleimannbrücke 39/41
48157 Münster
www.ms-verlag.de

Geschäftsführung: Matthias Schmidt
Lektorat: Axel Kwet & Mike Zawadzki
Layout:Ludger Hogeback - hohe birken
Druck: Alföldi, Debrecen

Vorwort

ANMUTIG, wie ein kleines Kunstwerk, liegt die Grüne Hundskopfboa auf ihrem Ast. In eleganten Körperschlingen ruhend, den Kopf in der Mitte gebettet, wartet sie auf die Dämmerung. Erst mit Sonnenuntergang kommt langsam Bewegung in die wunderschöne Riesenschlange. Sie kriecht nun behäbig durch das Geäst oder lauert geduldig auf Beute. Der faszinierende Anblick dieser Riesenschlange versetzt die meisten Betrachter in Staunen. Dies sind die Gründe, warum die Grünen Hundskopfboas zu den attraktivsten Terrarientieren gehören.

Ein naturnah gestaltetes Terrarium für die Grüne Hundskopfboa holt ein Stück Regenwald Südamerikas in unser Heim und lässt uns außergewöhnliche Beobachtungen machen. Zugegebenermaßen sollten wir *Corallus caninus* und *C. batesii* nicht

Beschreibung

DIE Grüne Hundskopfboa *Corallus caninus*, auch Grüner Hundskopfschlinger genannt, erreicht eine Gesamtlänge von 150–230 cm; im Durchschnitt bleiben die meisten Tiere aber deutlich unter der 200-cm-Marke. Der Körper dieser Riesenschlange ist kräftig gebaut und seitlich leicht abgeflacht, der Körperquerschnitt wirkt dadurch leicht dreieckig. Am schlanken Hals trägt *C. caninus* einen wuchtigen, keilförmigen Kopf. An den Ober- und Unterlippenschilden befinden sich tiefe Gruben mit Wärmerezeptoren, die der Temperaturwahrnehmung dienen. Mittig auf dem Kopf, zwischen Augen und Maul, befinden sich die für *C. caninus* typischen großen Schuppen (Internasalia, Präfrontalia, Rostrale und Labialia). Dieses Merkmal lässt die Art leicht vom ähnlichen *C. batesii* (früher als *C. caninus* „Amazonas-Tieflandform“ bezeichnet) unterscheiden, denn *C. batesii* besitzt wesentlich mehr und kleinere Kopfschuppen (siehe Beschreibung von *C. batesii*).

Die Körpergrundfarbe von *C. caninus* variiert bei adulten Tieren von Hell- bis Dunkelgrün. Selten weisen einige Exemplare auch eine schwarz-grüne Färbung auf bzw.

als Einstiegstier in das Hobby Terraristik wählen, sondern bereits einige Erfahrungen mit der Pflege anderer Schlangen gemacht haben. Ich möchte aber niemanden den Mut nehmen, diese schöne Schlange zu pflegen. Ganz im Gegenteil: Es liegt mir sehr am Herzen, dass diese Art häufiger in unseren Terrarien zur Nachzucht gebracht wird, um auf Wildfänge weitestgehend verzichten zu können und dadurch die Naturbestände zu schonen.

Das vorliegende Buch soll dabei helfen, *Corallus caninus* und *C. batesii* über viele Jahre artgerecht zu pflegen, gesund zu erhalten und hoffentlich auch zur Nachzucht zu bewegen. Dabei gebe ich meine eigenen Erfahrungen und Beobachtungen weiter, die ich mit diesen wunderschönen Schlangen gemacht habe.

Mark Regent, Ilsenburg, 2012

An den Ober- und Unterlippenschilden befinden sich tiefe Gruben, die der Temperaturwahrnehmung dienen Foto: M. Regent

sind schwarz gesprenkelt. Jungtiere dagegen sind bis zu ihrer Umfärbung rot, braunrot oder grünrot gefärbt. Auf der Körperoberseite befinden sich in unregelmäßigen Abständen weiße Zeichnungselemente, die auch schwarz umrandet sein können. Weiterhin können bläulich graue Zeichnungselemente auftreten. Die Bauchseite ist cremeweiß bis gelblich gefärbt und variiert ebenfalls von Tier zu Tier.

WUSSTEN SIE SCHON?
Im Jahre 1758 wurde die Grüne Hundskopfboa von Carl von LINNÉ als *Boa canina* wissenschaftlich beschrieben und 1893 von BOULENGER als *Corallus caninus* in die noch heute gültige Gattung *Corallus* überstellt. 2009 teilten HENDERSON et al. *C. caninus* in zwei Arten auf: in *Corallus caninus* (LINNAEUS, 1758), bis dahin als „Guayana-Schild-Form“ bezeichnet, und in das revalidierte (wieder gültig gemachte) Taxon *Corallus batesii* (GRAY, 1860), bisher als „Amazonas-Tieflandform“ bezeichnet. Da *C. batesii* lange Zeit als Unterart von *C. caninus* betrachtet wurde, teilen sich nun beide Arten die deutschen Trivialnamen Grüner Hundskopfschlinger bzw. Grüne Hundskopfboa.

Corallus batesii wird in der Regel etwas größer als *C. caninus* und erreicht durchschnittlich eine Länge von 200–300 cm. Zudem ist sein Körper noch kräftiger gebaut, und auch sein Kopf wirkt bei adulten Tieren wuchtiger und keilförmiger. Die Körpergrundfarbe bei erwachsenen Tieren variiert von Dunkelgrün bis Smaragdgrün, wobei die Flanken der Tiere immer etwas heller gefärbt sind als die Rückenpartie. Die Färbung der Bauch- und Kopfunterseite variiert von einem Hellgelb bis zu einem kräftigen Goldgelb. Vereinzelt treten auch schwarz-grüne Exemplare auf. Juvenile Tiere sind bis zu ihrer Umfärbung braunrot bis rostrot gefärbt. Die weißen Zeichnungselemente entlang der Rückenlinie sind sehr markant. Bei vielen Exemplaren verläuft vom Halsansatz bis zum Körperende eine weiße Linie, die von strich-, pfeil- oder zickzackartigen Zeichnungselementen unterbrochen wird. Viele Tiere weisen aber auch ein weißes Rückenband ohne diese Unterbrechungen auf, während wieder andere Exemplare ein stark unterbrochenes weißes Rückenband zeigen.

Der Kopf von *C. batesii* ist im Gegensatz zu *C. caninus* mit deutlich kleineren Schuppen versehen (siehe nebenstehende Zeichnung). Sowohl *Corallus caninus* als auch *C. batesii* besitzen einen Greifschwanz sowie nadelspitze Zähne, die leicht nach hinten gerichtet sind und in Hauttaschen verborgen liegen. Im vorderen Bereich des Schlangenmauls befinden sich sehr lange Fangzähne.

Das Gemüt der Grünen Hundskopfboas im Terrarium variiert von aggressiv bis friedlich, jedes Tier hat seinen eigenen Charakter. Terrariennachzuchten sind in jedem

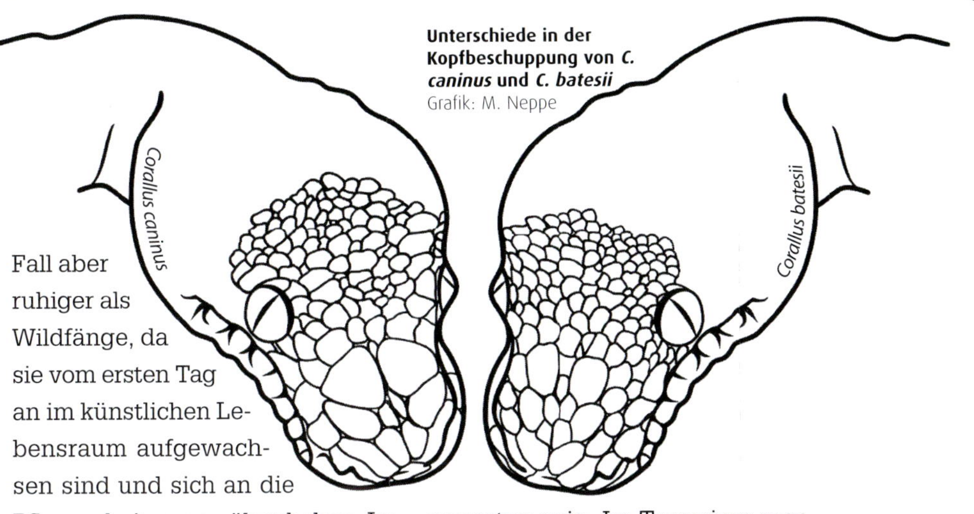

Unterschiede in der Kopfbeschuppung von *C. caninus* und *C. batesii*
Grafik: M. Neppe

Fall aber ruhiger als Wildfänge, da sie vom ersten Tag an im künstlichen Lebensraum aufgewachsen sind und sich an die Pflegearbeiten gewöhnt haben. Im Allgemeinen gilt *C. batesii* im Vergleich zu *C. caninus* aber als friedlicher und umgänglicher.

Weiterhin muss angemerkt werden, dass es Tiere aus anderen Verbreitungsgebieten gibt, die sich in der Färbung, Rückenzeichnung, und in der Anzahl der Kopfschuppen nochmals von den oben beschriebenen unterscheiden. Dazu zählen die sogenannte brasilianische Form aus Nordbrasilien, die zeichnungslose Form aus Guyana (weiße Zeichnungselemente fehlen) oder auch die Tiere aus Bolivien und Peru. In Peru soll es mindestens zwei weitere Varietäten geben, eine ähnlich den beschriebenen *C. batesii*, die andere zeigt deutliche Merkmale von *C. caninus*.

Wie wir sehen, wird noch einiges von der Grünen Hundskopfboa zu erwarten sein. Im Terrarium werden aber fast ausschließlich nur die oben beschriebe *C. caninus* aus dem Guyana-Schild-Gebiet und *C. batesii* aus dem Amazonas-Tiefland gehalten und vermehrt.

Wurde lange Zeit als Unterart von *Corallus caninus* betrachtet: *Corallus batesii*
Foto: H. Quirmbach

Verbreitung und Lebensraum

CORALLUS *caninus* ist ausschließlich in den tropischen Tieflandregenwäldern im Norden Südamerikas beheimatet. Das Verbreitungsgebiet erstreckt sich über den Süden von Venezuela, Guyana, Surinam, Französisch-Guayana und Nordbrasilien, ein Gebiet, das insgesamt auch als Guayana-Schild-Region bezeichnet wird. *Corallus batesii* (früher *C. caninus* „Amazonas-Tieflandform") bewohnt dagegen die südlicheren Gebiete Südamerikas, wie das Amazonas-Tiefland von Peru und Brasilien. Weitere Vorkommen befinden sich in Kolumbien, Ecuador, Bolivien und Brasilien südlich des Amazonas. Hundertprozentig sichere Verbreitungsangaben stehen wegen fehlender oder unzureichender Feldstudien aber für beide Arten noch aus. Zudem existieren mehrere Varietäten der Grünen Hundskopfboas, wie im Kapitel „Beschreibung" bereits erwähnt. Immerfeuchte Regenwälder, die geringe Temperaturschwankungen im Jahresverlauf, eine mehrmonatige Regenzeit sowie insgesamt hohe Luftfeuchtigkeitswerte aufweisen, stellen den Lebensraum der Grünen Hundskopfschlinger dar. Den Großteil ihres Lebens verbringen sie im Blätter- und Astgewirr der Regenwaldbäume und -sträucher, in denen sie sehr gut getarnt sind. Nur selten begibt sich *C. caninus* auch auf den Boden des Regenwaldes.

Verhalten

DIE Grünen Hundskopfboas gehören wie alle Riesenschlangen zu den nachtaktiven Tieren. Am Tage liegen sie in typischer Ruhestellung zusammengerollt auf Ästen oder Zweigen, oft durch das Blattwerk der Bäume geschützt. Erst mit der Dämmerung kommt langsam Leben in die Tiere. Nun lockern sie ihre Körperschlingen und lauern kopfüber auf vorbeikommende Beutetiere – oder sie verlassen ihren Schlafplatz, um aktiv zu jagen oder zu trinken. Bewegt sich ein Beutetier in der Nähe der Boa, wird es über die Wärmerezeptoren an Ober- und Unterlippe und durch den Geruchssinn geortet, lautlos ergriffen und sofort erwürgt. Danach sucht die Schlange den Kopf des

Beutetieres und verschlingt es in der Regel mit dem Kopf voran. War die Jagd erfolgreich und sättigend, verbleiben Hundskopfboas mehrere Tage auch nachts in der typischen zusammengerollten Ruhestellung, wobei sie gerne wärmere Plätze aufsuchen, die sie für eine optimale Verdauung benötigen. Ist die Beute verdaut, wird die Schlange wieder aktiver.

Befinden sich Hundskopfboas im Häutungsprozess, bewegen sie sich ebenfalls nur wenig und nehmen meist auch keine Nahrung zu sich. Ist der Zeitpunkt gekommen, die alte Haut abzustreifen, kriecht die Schlange ruhig durch das Geäst und entledigt sich ihrer Haut an einem Stück.

Hundskopfschlinger trinken gerne Regentropfen bzw. das Sprühwasser, welches sich in ihren Körperschlingen sammelt oder als kleine Tropfen auf ihrer Haut haftet, aber durchaus auch aus Wasserschalen.

Bei Störungen im Terrarium reagieren die Tiere entweder passiv durch Verstecken ihres Kopfs in den Körperschlingen oder auch aggressiv mit Abwehrbissen.

Wie alle Reptilien gehören die Grünen Hundskopfschlinger zu den wechselwarmen Tieren.

Das bedeutet, ihre Körpertemperatur ist von der Umgebungstemperatur abhängig. Zur Regulierung der Körpertemperaturen müssen die Tiere daher auch im Terrarium geeignete wärmere oder kühlere Temperaturbereiche aufsuchen können.

DER PRAXISTIPP

Das Hantieren in einem Hundskopfboa-Terrarium sollte immer am Tage bei eingeschalteter Beleuchtung stattfinden, wenn die Tiere auf den Ästen ruhen. In der nächtlichen Aktivitätsphase steigt das Risiko, gebissen zu werden, stark an, denn dann reagieren die Tiere schon auf die kleinsten Bewegungen.

Einige Tiere verstecken bei Störungen ihren Kopf in den Körperschlingen Foto: M. Regent

Verwandtschaft

WUSSTEN SIE SCHON?
Der Grüne Baumpython (*Morelia viridis*), der sein Verbreitungsgebiet auf Neuguinea mit einigen vorgelagerten Inseln sowie in Nordaustralien (Halbinsel Cape York) besitzt, sieht den Grünen Hundskopfboas auf dem ersten Blick zum Verwechseln ähnlich. Beide Arten sind aber nicht näher mit dem Grünen Baumpython verwandt.

DIE Gattung *Corallus* gehört zur Familie der Riesenschlangen (Boidae) und ist damit z. B. mit der Abgottschlange (*Boa constrictor*), aber auch mit der Roten Regenbogenboa (*Epicrates cenchria*) verwandt. Zur Gattung *Corallus* zählen heute – neben *C. batesii und C. caninus* – die Arten *C. annulatus*, *C. blombergi*, *C. cookii*, *C. cropanii*, *C. grenadensis*, *C. hortulanus* und *C. ruschenbergerii*.

Eine nahe Verwandte: *Boa constrictor constrictor* aus dem Amazonas-Tiefland von Peru Foto: M. Regent

Gesetzliche Bestimmungen

CORALLUS *caninus* und *C. batesii* gehören zu den streng geschützten und somit meldepflichtigen Tieren. Beide Arten sind im Anhang B des Washingtoner Artenschutzabkommens aufgeführt und dürfen nur mit den erforderlichen Papieren gehandelt bzw. als Terrarientier gehalten werden. Beim Kauf einer Grünen Hundskopfboa sollte man unbedingt darauf achten, dass es sich um legal eingeführte bzw. nachgezüchtete Tiere handelt. Die Legalität muss über entsprechende Papiere (Herkunftsnachweise oder Züchterbescheinigungen) klar nachvollziehbar sein. Importierte Tiere aus Südamerika erhalten eine sogenannte Einfuhrgenehmigungs-

Folgende Angaben sollte ein Herkunftsnachweis beinhalten:

- Name und Adresse des Verkäufers
- Name und Adresse des Käufers
- Deutscher und wissenschaftlicher Name der Tierart
- Anzahl der Tiere
- Geschlecht der Tiere
- Datum der Nachzucht bzw. der Einfuhr
- Bei Importtieren: Einfuhrgenehmigungsnummer und Ausfuhrland
- Bei Nachzuchten: Herkunft der Elterntiere
- Datum und Unterschrift des Verkäufers

nummer, die beim Bundesamt für Naturschutz in Bonn registriert ist. Mit dem Erwerb einer Hundskopfboa muss der neue Besitzer unverzüglich den Besitz des Tieres bei der jeweils zuständigen Behörde seines Bundeslandes melden und durch die oben genannten Papiere nachweisen. Ebenso müssen Bestandsveränderungen wie Verkauf, Todesfälle oder Nachzuchten gemeldet werden. Die Zuständigkeit ist je nach Bundesland unterschiedlich geregelt. Man sollte sich bei der Unteren Naturschutzbehörde der Städte oder Landkreise vorab informieren. Bei einigen Behörden erfolgt die Meldung der Tiere recht formlos, und es genügt, eine Kopie des Herkunftsnachweises einzuschicken; andere Behörden haben entsprechende Vordrucke zum Ausfüllen.

Vordruck eines Herkunftsnachweises vom Bundesverband für fachgerechten Natur- und Artenschutz (BNA) Foto: M. Regent

Herkunftsbestätigung
(Züchterbescheinigung)
– zum Nachweis der Besitzberechtigung gemäß § 22 BNatSchG
– gemäß § 6 Abs. 2 BArtSchV

BNA

Empfänger (neuer Besitzer)
Name
Straße
PLZ / Ort

Absender (alter Besitzer)
Name
Straße
PLZ / Ort

Tierart: Deutscher Name / Wissenschaftlicher Name
Kennzeichen
Andere Merkmale
Alter / Geburtstag — **Geschlecht**
Gewicht — **Größe**

Das vorbezeichnete Exemplar stammt:

❑ **Eigene Nachzucht** — **Elterntiere** Männchen, Weibchen — **Nachweisbuch Nr.** — **Kennzeichen**

❑ **Fremde Nachzucht** — **Adresse** (Name, Anschrift, Land)

❑ **Rechtmäßige Einfuhr** — **Einfuhrland** — **Einfuhrgenehmigungsnummer** — **Einfuhrdatum**

❑ **Wurde bereits vor der Unterschutzstellung seiner Art gehalten seit**
❑ **selbst** ❑ **anderer** (Name, Adresse)

Belege, weitergehende Angaben sind beigefügt:
❑ Bescheinigung-Nr.: ❑ sonstige:

Ort Datum Unterschrift des Absenders

Bundesverband für fachgerechten Natur- und Artenschutz

Erwerb

DIE Grünen Hundskopfschlinger sind bei Weitem nicht so häufig in zoologischen Fachmärkten anzutreffen wie z. B. die Abgottschlange (*Boa constrictor*) oder die Kornnatter (*Pantherophis guttatus*), um nur zwei der am meisten gehaltenen Schlangenarten zu nennen. Dies mag zum einen an ihren höheren Preis und an den geringeren Importstückzahlen liegen, zum anderen aber auch daran, dass *Corallus caninus* und *C. batesii* immer noch recht wenig in Menschenobhut nachgezüchtet werden. Zudem sind Wildfänge oft durch Fang, Transport und Parasitenbefall geschwächt und schaffen den Weg bis zum Endhändler dann nicht in einem akzeptablen Zustand. Leider hat die Erfahrung vieler Halter und Züchter der Grünen Hundskopfboas (speziell *C. caninus*) in den letzten Jahren gezeigt, dass selbst nach mehrjähriger guter Pflege manche Wildfangtiere plötzlich noch erkrankten und dann meist auch starben (am sogenannten „Regurgitationssyndrom“, also durch Erbrechen der Nahrung). Ob

Entscheidet man sich für eine junge Nachzucht, kann man den faszinierenden Farbwechsel der Grünen Hundskopfschlinger miterleben Foto: M. Regent

Terrariennachzuchten der Grünen Hundskopfschlinger sind wesentlich unempfindlicher als Wildfänge Foto: M. Regent

sich dies wirklich auf einen mehrere Jahre lang zurückliegenden Import zurückführen lässt, kann man nicht mit hundertprozentiger Sicherheit sagen, aber diese Todesfälle traten immer nach 3–4 Jahren Pflege ausschließlich bei Wildfängen auf.

Natürlich gibt es gute und seriöse Importeure, bei denen die Tiere mit Sachkenntnis behandelt werden und von denen wir eine gesunde

Gesunde Hundskopfboas liegen tagsüber in typischer zusammengerollter Hatung auf ihrem Ast Foto: M. Regent

und kräftige Wildfang-Hundskopfboa erwerben können. Wildfänge sind und bleiben aber insgesamt immer heikler in der Haltung als Nachzuchten, die das Licht der Welt schon im Terrarium erblickt haben. Wildfänge stellen höchste Ansprüche an uns Terrarianer in Bezug auf die klimatischen Bedingungen und die Futterqualität, während Nachzuchttiere in vielerlei Hinsicht wesentlich unempfindlicher sind. Nachzuchten sind vom ersten Tag an die klimatischen Bedingungen und die spezielle Bakterienflora des Terrariums sowie an leicht beschaffbare Nagetiere als Futter gewöhnt; sie lernen auch schneller, mit den täglichen Pflegearbeiten umzugehen. Wildfänge dagegen müssen sich erst an die besonderen Pflegebedingungen und die Nahrungsumstellung gewöhnen. Es kann durchaus passieren, dass Sie einen Nahrungsspezialisten erwischen, der z. B. nur Geckos als Futter akzeptiert.

Gemeinhin gelten *C. caninus* und *C. batesii* als stressempfindlich, und so kann es tatsächlich passieren, dass der Umgang mit dem Menschen ihr Immunsystem negativ beeinflusst und die Tiere früher oder später erkranken. Weiterhin können Wildfänge ihr Leben lang sehr aggressiv bleiben – wodurch wiederum eine erhebliche Verletzungsgefahr für den Pfleger besteht. All dies muss nicht eintreten, aber die Praxis hat gezeigt, dass es immer wieder vorkommt. Ein weite-

Gesundheitscheckliste vor dem Erwerb eines Hundskopfschlingers:

1. Die Schlange sollte am Tage in typischer zusammengerollter Haltung auf ihrem Ast liegen.
2. Es sollten sich keine Häutungsreste am Körper und an den Augen befinden.
3. Das Tier sollte einen gut genährten Eindruck machen; eine sichtbare Wirbelsäule deutet auf Probleme hin.
4. Die Haut sollte frei von Ektoparasiten wie Milben oder Zecken sein.
5. Das Maul sollte geschlossen sein, und es dürfen keine Atemgeräusche hörbar sein.
6. Es dürfen sich keine Bläschen vor dem Maul befinden, und die Nasenlöcher müssen trocken sein.
7. Bei Störungen sollte *Corallus caninus* bzw. *C. batesii* seinen Kopf in den Schlingen verstecken oder in Angriffsstellung gehen oder zumindest aufmerksam reagieren.
8. Beim Herausnehmen sollte die Schlange züngeln, ihre Körpermuskulatur muss kräftig sein und nicht darf nicht schlaff wirken.

rer wichtiger Punkt ist: Wenn wir uns für eine Nachzucht entscheiden, schonen wir die natürlichen Bestände der Grünen Hundskopfboas. Zudem kann man bei einem nachgezüchteten Jungtier selbst miterleben, wie sich der Farbwechsel vom Neonatus (Neugeborenen) zur semiadulten Schlange vollzieht, während adulte Wildfänge schon ausgefärbt und somit immer grün sind.

Nun habe ich die wichtigsten Unterschiede zwischen einem Wildfang und einer Nachzucht beschrieben, doch im Endeffekt muss jeder selbst entscheiden, welchen Weg er wählt; die Vorzüge einer Nachzucht sind allerdings nicht unerheblich.

Haben Sie sich also dazu entschieden, eine Hundskopfboa zu erwerben, suchen Sie den Weg zu seriösen Händlern und Züchtern, die Ihnen mit ihrer Beratung zur Seite stehen. Im Zeitalter des Internets und guter Fachliteratur finden Terrarianer viele Wege zu Züchtern und Händlern von Grünen Hundskopfschlingern. Die wichtigsten sind neben Fachzeitschriften wie REPTILIA und TERRARIA entsprechende Kleinanzeigen und Züchterlisten im Internet, z. B. www.reptilia.de, www.dght.de (im Mitgliederbereich), www.reptilienserver.de, www.terraristik.com oder www.terraristik-anzeigen.de.

Schauen Sie sich vor einem Kauf die Tiere und die Haltungsbedingungen nach Möglichkeit aber vor Ort genau an.

Transport

SCHLANGEN werden im Allgemeinen in eigens dafür vorgesehenen Baumwollsäcken transportiert, was auch für unsere Boas eine der besten Möglichkeiten darstellt. Man sollte für diese Art aber den abgeschnittenen Teil einer Grünpflanze oder Ähnliches mit in den Baumwollsack stecken, damit die Schlange etwas zum Umklammern hat. Auf diese Weise fühlt sie sich sicherer, denn Hundskopfboas suchen immer etwas, das sie umschlingen können. Die zweite Möglichkeit ist, die Tiere an einem Ast hängend in einer sogenannten Faunabox – diese Transportkisten für Tiere führt jeder zoologische Fachmarkt – zu transportieren. Dazu besorgt man sich eine entsprechend große Faunabox und befestigt (z. B. mit Silikon auf Wasserbasis) im oberen Drittel des Behälters einen stabilen Ast. Bei dieser Methode kann sich die Hundskopfboa wie gewohnt um einen Ast schlingen. Die Faunabox bzw. der Schlangensack mit der Hundskopfboa wird dann zur besseren Wärmeisolation in eine Styroporbox gestellt, um das Tier vor Kälte (oder Hitze) zu schützen. Bei kalter Witterung wird der Styroporkiste ein sogenanntes Heat Pack (Wärme-

Ideal ist es, wenn die Hundskopfboa sich auch beim Transport wie gewohnt um einen Ast schlingen kann Foto: M. Regent

kissen; durch Knicken des Packs wird die Wärmeabgabe aktiviert) oder auch einfach eine Wärmflasche beigelegt – das Wasser darf natürlich nicht kochend heiß sein, sonst überhitzt sich das Innere der Box zu stark, was negative Folgen für das Tier haben kann. Es eignen sich ansonsten auch Eisakkus, die in diesem Fall aber nicht ins Gefrierfach gelegt, sondern im Wasserbad erwärmt werden. Im Sommer kann auf eine zusätzliche Wärmequelle meist verzichtet werden. Beim Verpacken und Auspacken der Tiere sollten vorsichtshalber Handschuhe getragen werden, da gerade von größeren Hundskopfschlingern sonst auch Bissverletzungen zu erwarten sind. Ist die Schlange in ihrem neuen Heim angekommen, können wir die Faunabox mit geöffnetem Deckel einfach in das Terrarium stellen. Das Tier wird dann selbstständig auf höher gelegene Äste kriechen. Wurde die Boa in einem Schlangensack transportiert, sollte man von außen den Kopf der Schlange erfühlen und ihn fixieren. Dann wird sie vorsichtig aus dem Sack genommen, und es besteht keine Gefahr, gebissen zu werden. Somit kann die Grüne Hundskopfboa auch noch einmal genau betrachtet und gegebenenfalls untersucht werden. Man kann aber auch einfach den geöffneten Baumwollsack in das Terrarium legen. Schlangenhaken leisten in diesen Fällen auch sehr gute Dienste. Dazu wird der geöffnete Schlangensack auf dem Boden abgelegt und die Boa mit dem Schlangenhaken aufgenommen und anschließend in ihr neues Heim gebracht.

Styroporkisten schützen die Schlangen während des Transports vor Hitze und Kälte
Foto: M. Regent

Quarantäne

NACHDEM wir einen Grünen Hundskopfschlinger erworben und sicher nach Hause transportiert haben, sollten wir die Schlange nicht gleich in ein voll dekoriertes Regenwaldterrarium setzen, schon gar nicht, wenn in diesem Terrarium bereits andere Grüne Hundskopfschlinger leben. Zu groß wäre die Gefahr einer Krankheitsübertragung. Der Neuankömmling sollte erst mal für mindestens 6–8 Wochen ein Quarantäneterrarium beziehen. Es reicht völlig aus, dieses Becken sehr spartanisch einzurichten. Verkleidete Terrarienwände an drei Seiten, ein oder zwei Liegeäste, Zeitungspapier am Boden, eine Wasserschale und eventuell eine Pflanze als Deckung reichen hier völlig aus.

In der Quarantänezeit sollte das Tier sorgfältig auf Verhaltensauffälligkeiten hin beobachtet werden – Voraussetzung für solche Beobachtungen in einem spartanisch eingerichteten Quarantäneterrarium ist natürlich eine Haltung unter optimalen Klimabedingungen. Ist das allgemeine Verhalten der Hundskopfboa normal? Befindet sie sich tagsüber in typischer Ruhestellung auf einem Ast und ist nachts aktiv bzw. in Lauerstellung? Verläuft die Häutung optimal? Verlaufen Fütterung und Verdauung normal? Ist der Kotabsatz unauffällig, sprich fest und nicht breiig bzw. übel riechend? Lassen sich Außenparasiten wie Zecken und Milben auf der Haut beobachten?

Das Terrarium

DIE Natur ist das beste Beispiel, wenn es darum geht, ein artgerechtes Terrarium für Grüne Hundskopfschlinger einzurichten. Und es sollte eine Selbstverständlichkeit sein, den Tieren einen solchen möglichst naturnahen Lebensraum zu gestalten. Leider sieht man noch immer, wie *Corallus caninus* und *C. batesii* in fast nackten Terrarien auf Plastikrohren ihr Leben fristen oder, noch schlimmer, in einer transparenten Baumarkt-Plastikbox vor sich hinvegetieren.

Bei der Auswahl des richtigen Terrariums gibt es viele verschiedene Möglichkeiten. Man kann ein fertiges Terrarium im zoologischen

Während der Quarantänezeit reicht eine spartanische Terrarieneinrichtung aus
Foto: M. Regent

Bei Wildfangtieren oder auch auffälligen Ausscheidungen sollten Sie eine Probe zu einem auf Reptilien spezialisierten Tierarzt (eine Liste können Sie einsehen unter www.dght.de) oder einem entsprechenden Institut (siehe „Weitere Informationen") einschicken und dort auf Parasiten und Krankheitserreger untersuchen lassen. Liegt ein positiver Befund vor, werden Sie einen dementsprechenden Behandlungsplan vom Tierarzt bekommen. Ist Ihr Grüner Hundskopfschlinger nach der Quarantänezeit augenscheinlich gesund, kann das Tier nun sein Regenwaldterrarium beziehen.

DER PRAXISTIPP
Grüne Hundskopfboas gehören nicht zu den Schlangen, die häufig aus dem Terrarium genommen werden sollten, z. B. zu Vorführzwecken – es sei denn, dies ist für eine Medikamentenbehandlung etc. zwingend erforderlich. Häufiges Handling würde die Tiere zu stark stressen, und die Folge können Erkrankungen sein. Weiterhin ist beim Handling dieser Boas mit Bissverletzungen zu rechnen.

Fachhandel erwerben oder auch mit etwas handwerklichem Geschick selbst bauen. Der Fachhandel bietet heutzutage sehr viele verschiedene Modelle aus unterschiedlichen Materialien an, neben Vollglasterrarien z. B. auch wasserfeste Holzterrarien. Ist das passende Maß nicht erhältlich, kann man meist auch ein Sondermaß bestellen bzw. anfertigen lassen.

Hat man sich dazu entschieden, ein Terrarium aus Holz selbst zu bauen, können Sie zwischen wasserfest beschichteten Holzplatten oder sogenannten OSB-Platten (Grobspanplatten) wählen, die man in jedem Baumarkt erwerben kann. Letztge-

Aufzuchtterrarium für heranwachsende Grüne Hundskopfschlinger Foto: M. Regent

nannte müssen aber noch versiegelt werden, z. B. mit Epoxidharz. Bauanleitungen für Feuchtterrarien finden sich reichlich im Internet, in guten Fachbüchern (WILMS 2004) und Fachzeitschriften, wie z. B. REPTILIA, TERRARIA und DRACO.

Die richtige Größe des Terrariums richtet sich nach der Anzahl der zu pflegenden Tiere. Wir sollten aber auf jeden Fall darauf achten, dass die Höhe des Terrariums mindestens der Breite entspricht – besser noch ist höher als breit, damit unsere baumbewohnenden Hundskopfschlinger artgerecht leben können. Ein Terrarium für ein Jungtier von *C. caninus* oder *C. batesii* im ersten Lebensjahr sollte mindestens ein Maß von 50 x 40 x 50 cm (Länge x Breite x Höhe) aufweisen, für ein junges Pärchen dementsprechend mehr. Selbstverständlich muss die Größe des Terrariums mit der Größe der Tiere wachsen, und für ein adultes Pärchen der Grünen Hundskopfboa sollte das Terrarium schon eine Größe von

Die Technik

UM die optimalen klimatischen Bedingungen in einem Regenwaldterrarium zu erreichen, steht uns heute eine ganze Reihe von Terrarientechnik zur Verfügung. Zur Beheizung bzw. als Wärmequelle eignen sich sehr gut die sogenannten Elstein- oder auch Keramikstrahler, die Wärme, aber kein Licht abgeben. Diese sollten in der Verbindung mit einer Lichtquelle (z. B. Spotstrahler) betrieben werden. In Kombination mit einem Temperatursteuergerät, welches im zoologischen Fachhandel erhältlich ist, stellen sie das Optimum der Terrarienerwärmung dar. Die Steuergeräte sind mit einer Fotozelle ausgestattet und regeln sehr zuverlässig die eingestellten Temperaturwerte zwischen Tag und Nacht. Ist der Tiefstwert er-

mindestens 80 x 60 x 80 cm aufweisen. Laut dem Gutachten des BUNDESMINISTERIUMS FÜR ERNÄHRUNG, LANDWIRTSCHAFT UND FORSTEN (1997) sollte die Terrariengröße für ein Pärchen *Corallus caninus* bzw. *C. batesii* eine Länge von 0,75, eine Breite von 0,5 und eine Höhe von 1,5 aufweisen, wobei diese Faktoren mit der Körperlänge des größeren Tieres zu multiplizieren sind. Die Maximalhöhe ist laut dem Gutachten auf 2 m begrenzt. Weiterhin gilt es zu bedenken, dass eine geeignete Strukturierung des Lebensraums Terrarium (s. Kapitel „Einrichtung") entscheidend zum Wohlbefinden seiner Insassen beiträgt. Hundskopfboas, die in einem großen, aber z. B. mit nur einer eingeklebten Vogelsitzstange ausgestatteten Behälter leben, werden keinesfalls artgerechter gepflegt als Artgenossen, die zwar weniger Platz zur Verfügung haben, dafür aber ein mit Ästen und Pflanzen schön strukturiertes Terrarium bewohnen.

Terrarienblock aus OSB-Platten mit Schwarzkorkrückwand der Marke Eigenbau Foto: M. Regent

Keramik- oder Elsteinstrahler zur Beheizung des Terrariums gibt es in verschiedenen Größen und Wattstärken Foto: M. Regent

reicht, schaltet sich der Keramikstrahler automatisch ein, ist der Höchstwert erreicht, schaltet er sich dementsprechend wieder ab. Der Keramikstrahler, den es in verschiedenen Wattstärken und Größen gibt, wird idealerweise im oberen rechten oder linken Drittel des Terrariums installiert, sodass wir automatisch ein Temperaturgefälle im Terrarium erzielen. Dieses Gefälle ist sehr wichtig, denn es muss den Schlangen die Gelegenheit geboten werden, auch kühlere Zonen aufsuchen zu können. Sehr wichtig

Temperatursteuergerät mit automatischer Nachtabsenkung Foto: M. Regent

ist es, den Heizstrahler in einer Keramikfassung zu betreiben und ihn mit einem Schutzkorb abzusichern, damit die Tiere vor einem direkten Kontakt mit dem Strahler geschützt werden, denn diese werden sehr heiß, und es kommt bei der kleinsten Berührung sofort zu Verbrennungen. Schutzkörbe kann man im gut sortierten Zoofachhandel erwerben, oder man stellt sie selbst her.

Eine weitere Möglichkeit ist es, das Terrarium mit Spotstrahlern zu beheizen. Der Zoofachhandel bietet heutzutage eine große Auswahl solcher Strahler für die Reptilienhaltung an, unter anderem auch sehr gute Modelle mit geringer Wattstärke und Vorschaltgerät. Sie sind zwar in der Anschaffung etwas teurer, haben aber auch eine wesentlich längere Lebensdauer und ein schönes Lichtspektrum. Geeignet sind allerdings auch einfache Spotstrahler aus dem Baumarkt, wobei man meist ein bisschen tüfteln muss, bis man die richtige Wattstärke des Strahlers gefunden hat, um die gewünschte Temperatur zu erreichen. In der Nacht können wir ein solches Terrarium dann zusätzlich mit Infrarotstrahlern beheizen, wobei zu bedenken ist, dass die Temperatur in den Nachtstunden um einige Grad abfallen sollte. Entscheidet man sich für diese Methode, sollte man zuvor einige Tage den Temperaturverlauf im Terrarium genau beobachten, indem wir mehrere Thermometer an verschiedenen Stellen anbringen und tagsüber und nachts verfolgen, wie sich die Temperaturen ändern. Die bessere Lösung ist allerdings ohne Zweifel die oben beschriebene Beheizung mit Keramikstrahlern in Verbindung mit einem Temperatursteuergerät, denn die andere Methode mit den Spotstrahlern ist auch sehr stark von den Umgebungstemperaturen (z. B. durch jahreszeitliche Schwankungen) abhängig. Weiterhin ist zu bedenken, dass Spotstrahler häufiger kaputt gehen und – da sie zu den Glühbirnen zählen – in den nächsten Jahren wohl langsam vom Markt verschwinden werden.

Die Temperatur unter bzw. in der Nähe des Strahlers sollte 30 °C, punktuell auch bis 33 °C betragen. In diesem Bereich müssen auf jeden Fall Kletter- und Liegeäste vorhanden sein (natürlich auch an anderen Stellen des Terrariums), da sie zur Erwärmung, Verdauung oder auch während der Dauer der Trächtigkeit verstärkt aufgesucht werden. In den restlichen Bereichen kann die Temperatur am Tage auf 25–28 °C abfallen. Dieser Temperaturverlauf wird meist automatisch erreicht, da der Heizstrahler im oberen Bereich des Terrariums hängt und die Temperatur nach unten hin logischerweise abfällt.

Steht das Terrarium in einem sehr kühlen Raum, können wir die Bodentemperatur zusätzlich mit Heizmatten oder Heizkabeln aus dem Zoofachhandel erhöhen, die entweder auf dem Terrarienboden unter der Streu oder unter der Bodenplatte verlegt werden. Die Handhabung ist sehr einfach, wenn man die Sicherheitsvorkehrungen beachtet.

Für die Beleuchtung des Regenwaldterrariums kommen ebenfalls mehrere Möglichkeiten in Betracht: So kann man das Terrarium mit Leuchtstoffröhren, Glühlampen, HQL- und HQI-Lampen oder auch mit Energiesparlampen und LEDs beleuchten. Dies richtet sich vor allem nach dem eigenen Geschmack und nach den Pflanzen, die wir später pflegen möchten. HQI-Strahler haben den Vorteil, dass sie viel Wärme abgeben, die wir für die Beheizung des Lebensraumes mit nutzen können. Die Nachteile sind hohe Wattstärken und die Tatsache, dass Pflanzenblätter, die direkt angestrahlt werden, regelrecht verbrennen können. Energiesparlampen haben leider kein so schönes Lichtspektrum, aber den Vorteil, dass sie eben sparsam sind und auch recht lange halten. Hier muss jeder seinen eigenen Weg finden. Den Grünen Hundskopfschlingern ist das Lichtspektrum nicht so wichtig, viel entscheidender ist ein geeigneter Tag/Nacht-Rhythmus, der idealer-

Pumpsprühgerät für die Beregnung des Terrariums
Foto: M. Regent

weise zwölf Stunden Tag und zwölf Stunden Nacht betragen sollte. Auf jeden Fall sollten sich alle Leuchtmittel außerhalb des Terrariums befinden, da sich die Schlangen gerne um warme Lampen schlingen und dann eventuell Verbrennungen davontragen können.

Weiterhin benötigen wir natürlich Messgeräte (Thermometer, Hygrometer) um Temperatur und Luftfeuchtigkeit im Terrarium kontrollieren zu können. Die Auswahl dieser Geräte ist groß und reicht von einfachen manuellen bis hin zu automatisierten digitalen Apparaten. Der Fachhandel bietet auch hier eine große Auswahl an.

Da wir Boas halten, die eine hohe relative Luftfeuchtigkeit zur Gesunderhaltung benötigen, ist die Anschaffung einer automatischen Regen- und/oder Nebelanlage von Vorteil. Natürlich kann man darauf auch verzichten, dann muss aber gewährleistet sein, dass wir täglich 1–2 Mal Wasser im gesamten Terrarium versprühen. Hierfür sind ganz normale Blumenspritzen geeignet oder auch die etwas größeren Pumpsprühgeräte für den Gartenbedarf. Wenn man aber sehr viel beruflich unterwegs ist und zu den Urlaubszeiten keinen Ersatzpfleger für seine Tiere hat, sind automatische Geräte einfach unschlagbar. Sie sind leicht zu installieren, und es sieht auch sehr schön aus, wenn es im Terrarium plötzlich regnet bzw. sich die Nebelschwaden zwischen den Pflanzen ausbreiten. Die Regen- und/oder die Nebelanlage werden einfach mit einer Zeitschaltuhr betrieben – so kann genau eingestellt werden, wann und wie oft der Lebensraum befeuchtet werden soll. Die Häufigkeit der Beregnung sollte sich nach der Jahreszeit richten, die man simuliert (z. B. ein Mal täglich während der Trockenzeit und bis zu vier Mal täglich während der Regenzeit).

Die Einrichtung

DEN künstlichen Lebensraum Terrarium können wir für Grüne Hundskopfboas mit Leichtigkeit zu einem naturnahen Biotop gestalten. Da wir es mit Schlangen zu tun haben, die kaum etwas zerstören – in erster Linie sind hier Pflanzen gemeint –, sind der Gestaltung des Beckens kaum Grenzen gesetzt. Bei anderen Schlangen wie einer *Boa constrictor* ist es dagegen schwierig, Pflanzen länger am Leben

Die im Text beschriebenen, mittels Naturkorkröhren kaschierten Blumentöpfe; der Bodengrund ist ein Gemisch aus Humus und Kokosfasern Foto: M. Regent

zu halten, da diese Tiere früher oder später alles plattwalzen.

Kommen wir aber erst einmal zur Rückwandgestaltung. Hier bieten sich sehr viele verschiedene Möglichkeiten für uns Terrarianer. Im zoologischen Fachhandel sind natürlich gestaltete, fertige Rückwände erhältlich, wie Naturkorkplatten, Kokosfasermatten, Torfplatten, Xaxim-Platten (Baumfarn) oder Rückwände aus Kunststoff. Aber wir können z. B. auch einfach schwarzen Dachdeckerkork (umgangssprachlich auch Schwarzkorkplatten) verwenden, der optisch allerdings erst schön wirkt, wenn wir mit einem Messer Stücke aus ihm herausbrechen und so eine unregelmäßige Struktur erhalten. Dann besteht ein herrlicher Kontrast zwischen dem dunklen Dachdeckerkork und dem Grün der Pflanzen.

Eine weitere Möglichkeit ist es, eine Rückwand aus Styropor selbst herzustellen. Die Oberfläche der Styroporplatten, die in verschiedenen Stärken im Baufachhandel erhältlich sind, bearbeiten wir zunächst mit einem Heißluftföhn (nur im Freien!) und erhalten dadurch Vertiefungen, Furchen etc. Hier sind der Kreativität keine Grenzen gesetzt, und man erzielt meist schnell eine interessante Struktur. Ist man mit seinem Werk zufrieden, lässt man die Platten abkühlen und bereitet den „Anstrich“ aus

Eine günstige Alternative für die ansprechende Rückwandgestaltung stellen die Schwarzkorkplatten dar Foto: M. Regent

Mit Kletter-Ficus und *Philodendron* bewachsene Naturkorkrückwand Foto: M. Regent

Humus und Silikon vor. Ich benutze immer Silikon auf Wasserbasis in der Farbe Schwarz, da es keine giftigen Dämpfe abgibt. Anstatt des Silikons könnte man auch Fliesenkleber verwenden, dieser bröckelt aber leichter ab. Den benötigten Humus gibt es in jedem Zoofachmarkt als Block gepresst. Er wird einfach in Wasser eingeweicht und quillt dadurch auf. Nach dem Aufquellen breiten wir den Humus aus, damit er trocknen kann. Dies dauert in der Regel 1–2 Tage. Nun legen wir die Styroporplatten flach auf den Boden und bestreichen sie vollflächig mit dem Silikon, nicht zu dünn, sonst hält der Humus schlecht. Es ist auch möglich, erst noch kleinere Wurzeln (Moorkienwurzeln aus dem Aquaristikbedarf) in die Styroporplatten zu stecken, bevor wir das Silikon auftragen. Dann streuen wir den getrockneten Humus recht dick auf die Platten und drücken ihn gut an; danach lassen wir das Ganze für 2–3 Tage liegen, damit es in Ruhe trocknen kann. Wenn wir die neuen Rückwandplatten aufstellen, wird eine Menge Humus abfallen, aber die Oberfläche ist, wenn wir alles gut angedrückt haben, flächendeckend mit Humus bedeckt. Jetzt haben wir eine wirklich schön und natürlich gestaltete Rückwand, die wir in das Terrarium einkleben können. Kommen wir nun zur weiteren Gestaltung des Beckens. Das Wichtigste in einem Terrarium für *Corallus caninus* und *C. batesii* sind wohl die Kletter- und Liegeäste. Wir können sie im Zoohandel erwerben (z. B. Korkäste) oder bei einem Waldspaziergang auch selbst suchen. Infrage kommen Äste fast aller Baumarten, vorteilhaft wäre natürlich Hartholz. Ich verwende Äste (entrindet und nicht entrindet) von allen möglichen Baumsorten, wie z. B. Buche, Eiche, Haselnuss, Holunder, und habe noch nie negative Erfahrungen gemacht. Natürlich sollten sie frei von Ungeziefer sein und nicht zur Schimmelbildung neigen. Wer auf Nummer sicher gehen möchte, kann die Äste im Backofen erhitzen (sofern sie hineinpassen), um eventuelles Ungeziefer zu vernichten. Im schlimmsten Falle hat man ein paar Insekten im Terrarium, die unter der Rinde verborgen sind. Probleme gibt es aber dadurch nicht. Die Kletteräste werden hauptsächlich im oberen und mittleren Terrariendrittel angebracht, und man sollte möglichst unterschiedliche Aststärken verwenden, damit die Tiere verschiedene Stellungen einnehmen können; außerdem sieht es optisch besser aus.

Der Bodengrund im Terrarium spielt nur eine untergeordnete Rolle, da Grüne Hundskopfschlinger ja das Geäst der Bäume bewohnen. Aber für die Regenwaldpflanzen, zur Geruchsminderung und natürlich auch wegen der Optik ist der Bodengrund unerlässlich. Als Materialien kommen Produkte aus dem Zoofachhandel auf Rindenbasis, Humusblocks oder auch speziell für die Schlangenhaltung hergestellte Produkte auf Basis von Holzspänen infrage; es sind aber auch ungedüngter Humus und Pinienrinde aus dem Gartenfachmarkt geeignet. Humus hat den Vorteil, dass er Gerüche, die durch Ausscheidungen entstehen, recht gut bindet.

Pflanzentöpfe können für ein natürlicheres Aussehen mit Kokosfasermatten umwickelt werden Foto: M. Regent

Möchte man einen sehr naturgetreuen Boden, kann man noch ein bisschen Laub und/oder Moos einstreuen. Laub und Moos kann man im zoologischen Fachhandel erwerben, oder man sucht es sich selbst im Wald. Am besten geeignet ist Laub, wenn es schon richtig trocken ist. Man sollte es im Backofen noch kurz erhitzen (Abtöten von Ungeziefer) oder in Wasser abkochen, danach ist es gebrauchsfertig. Ich verwende in Terrarien für Boas und andere Regenwaldbewohner trockene abgefallene Blätter von tropischen Zimmerpflanzen. Diese machen einen sehr natürlichen Eindruck. Je nach Verschmutzungsgrad wechselt man den Bodengrund früher oder später aus. Dies richtet sich natürlich nach der Anzahl der gehaltenen Tiere, als Richtlinie kann ein Wechsel ca. alle 2–3 Monate gelten. Ausscheidungen der Schlangen müssen natürlich immer sofort entnommen werden.

DER PRAXISTIPP

Kokosfasermatten können insofern nachteilig sein, dass sich die Tiere mit ihren langen Fangzähnen darin beim Beutefang verhaken können. Der folgende Fall hat sich bei mir genau so zugetragen: Eine Futtermaus erklomm in einem Terrarium eine solche Rückwand, und die Boa schlug futtergierig zu. Dabei blieb sie mit ihren Ober- und Unterkieferzähnen in der Kokosfasermatte hängen – mit weit aufgerissenem Maul, die Maus dazwischen. Die Schlange musste schließlich vorsichtig aus ihrer misslichen Lage befreit werden.

Die Pflanzen in einem Hundskopfboa-Terrarium spielen eine wichtige Rolle, denn sie dienen den Tieren als Schutz und Deckung, beeinflussen das Terrarienklima positiv, lassen die Schlangen artgerecht leben und machen den künstlichen Lebensraum erst richtig schön. Zur Bepflanzung eignen sich grundsätzlich alle Arten, mit Ausnahme dorniger Pflanzen, die aus den immerfeuchten, warmen Breiten unserer Erde stammen, sprich aus den tropischen Regenwäldern. Der gut sortierte Gartenfachhandel bietet sehr viele schöne Pflanzen an, wie z. B. Bromelien, Farne, *Philodendron*, Einblatt, *Monstera* oder *Ficus*. Da diese Pflanzen in den meisten Fällen gespritzt sind, sollte man sie vorher gründlich abduschen und die Blätter mit Fließpapier abwischen. Seltenere Arten von Regenwaldpflanzen erhält man unter anderem in speziellen Zoofachmärkten, auf Reptilienbörsen oder über Online-Shops, die sich z. B. auf Zubehör zur Haltung von Pfeilgiftfröschen spezialisiert haben.

Die Pflanzen sollten nicht direkt in den Bodengrund gesetzt werden, da sich das Terrarium dann schlechter reinigen lässt. Am besten ist es, die Pflanzen in ihren Töpfen zu kultivieren und mit diesen in das Ter-

Jungtiere des Grünen Hundskopfschlingers fühlen sich zwischen Ästen und Pflanzen erst richtig wohl Foto: M. Regent

rarium zu stellen. Damit es schöner aussieht, können die Pflanzentöpfe mit zugeschnittenen Kokosfasermatten umwickelt und mit Blumendraht an den entsprechenden Stellen befestigt werden. Weiterhin kann man zur Kaschierung der Töpfe auch Korkröhren verwenden, die es in vielen verschiedenen Größen gibt und die ebenfalls auf die Blumentopfgröße zugeschnitten werden. In diese Röhren stellt man dann einfach die Regenwaldpflanze hinein. Schaut der Rand des Topfes noch ein wenig heraus, wird er mit Humus abgedeckt. So wirkt alles sehr natürlich und kann bei Bedarf, z. B. bei Reinigungsarbeiten, auch schnell entnommen werden. Als Wasserschale kann man einfach Blumenuntersetzer aus dem Gartenfachhandel oder die optisch schön gestalteten Trinkschalen aus dem Zoofachhandel verwenden. Sie sollten nicht zu klein ausfallen, da sie auch zur Erhöhung der relativen Luftfeuchtigkeit sorgen. Thermometer und Hygrometer runden die Einrichtung des Hundskopfboa-Terrariums ab.

Pflegearbeiten

ZU den regelmäßigen Pflegearbeiten gehören die Kontrolle der Temperatur und Luftfeuchtigkeit und der Technik, wie Beleuchtung und Heizung. Zudem muss die Einrichtung des Terrariums überbraust werden, um für eine entsprechend hohe Luftfeuchtigkeit zu sorgen, das Trinkwasser regelmäßig gewechselt und Kot entfernt werden. Wichtig ist auch das genaue Beobachten der Tiere auf mögliche Veränderungen. Weitere anfallende Arbeiten sind die Fütterung der Tiere, die Pflege der Pflanzen und die Reinigung des Terrariums.

Handelsübliches Nebelgerät aus dem Zoofachhandel; über einen Schlauch wird der Nebel in das Terrarium geführt
Foto: M. Regent

Feuchtigkeit und Trinkwasser

DIE relative Luftfeuchtigkeit gehört zu den wichtigsten Punkten, die bei der Pflege der Grünen Hundskopfboas berücksichtigt werden müssen. Sehr viele Krankheiten und Probleme (z. B. Auswürgen der Nahrung, Häutungsprobleme) sind auf eine zu trockene Haltung zurückzuführen. Es wäre nun aber natürlich falsch, das Terrarium in ein Sumpfgebiet zu verwandeln, in dem die Luft stockt und der Boden zur Schimmelbildung neigt. Das gesamte Terrarium sollte am besten 1–2 Mal (in der simulierten Regenzeit bis zu vier Mal) täglich komplett mit lauwarmen Wasser überbraust werden, und dabei sollten auch die Tiere selbst besprüht werden, praktisch so, als wenn ein kurzer Regenschauer den Lebensraum Terrarium heimsuchen würde.

DER PRAXISTIPP

Ein Mal in der Woche sollte die Wasserschale mit einem milden Desinfektionsmittel gereinigt werden, um den entstehenden bakteriellen Biofilm zu entfernen. Natürlich dürfen sich keine Rückstände des Mittels nach dem Befüllen mit Frischwasser in der Wasserschale befinden (immer mehrmals gut spülen). Ansonsten reichen heißes Wasser und eine Bürste zur Reinigung aus.

Grüne Hundskopfboas trinken gerne das Wasser, welches sich in ihren Körperschlingen sammelt, bzw. nehmen mit der Zunge die Wassertropfen auf, die an ihrem Körper haften. Durch das tägliche Beregnen erreichen wir kurzzeitig eine relative Luftfeuchtigkeit von 80–95 %, die danach langsam wieder auf Werte von 60–70 % absinkt. Das ist völlig ausreichend, ständige Luftfeuchtigkeitswerte nahe der 100%-Marke muss man nicht erzielen. Auch in der Natur schwanken die Werte durch Sonneneinstrahlung und Regenschauer im Tages-

Die Tiere trinken gerne die Wassertropfen, die nach der Beregnung am Körper haften bleiben
Foto: M. Regent

verlauf. Wichtig ist nur, dass die Luftfeuchtigkeit nicht dauerhaft unter 65 % liegt. In diesem Fall sollten Lüftungsflächen des Terrariums teilweise abgedeckt oder eventuell verkleinert werden, oder es muss ausgiebiger beregnet werden.

Die Wasserschale für das Trinkwasser darf nicht zu klein ausfallen, da die Wassermenge letztlich auch dazu beiträgt, die Luftfeuchtigkeit etwas anzuheben. Natürlich muss den Tieren täglich frisches Trinkwasser zur Verfügung stehen. Führt man diese Pflegearbeiten gewissenhaft aus, kann auch ab und zu, sprich alle paar Wochen, ein trockener Tag ganz ohne Beregnung eingelegt werden.

Fütterung und Ernährung

CORALLUS *caninus* und *C. batesii* ernähren sich in der Natur hauptsächlich von Vögeln, Nagetieren und

Goldhamster stellen ein gutes Futter für adulte Hundskopfboas dar; meist haben sie noch Getreidekörner in ihren Taschen, welche den Futterwert erhöhen Foto: M. Regent

Reptilien wie z. B. Geckos und andere Echsen. In der Terrarienhaltung werden wir größtenteils auf Nagetiere und Geflügel zurückgreifen. Beim Kauf eines Wildfangs kann es allerdings durchaus vorkommen, dass man einen Nahrungsspezialisten als Pflegling erwirbt, der jegliche Nahrung verweigert und nur Geckos akzeptiert. Gerade juvenile Wildfänge ernähren sich manchmal ausschließlich von kleinen Reptilien.

Das Futter für unsere Grünen Hundskopfschlinger kann die ganze Palette von Nagetieren wie Ratten, Mäuse, Rennmäuse, Hamster, Vielzitzenmäuse oder kleine Meerschweinchen umfassen. Bei Federvieh kommen fast nur Eintagsküken und kleine junge Wachteln infrage, da andere Vögel als Futtertiere kaum gehandelt werden oder sie einfach zu groß für unsere Schlangen sind.

Eine eigene Futtertierzucht (Nagetiere) lohnt sich für unsere Pfleglinge allemal, da man so immer die wertvollste Nahrung zur Verfügung hat, die man sich vorstellen kann. Eigens gezüchtete Futtertiere können wir artgerecht und vitaminreich ernähren, sodass wir immer frisches Futter in der besten Qualität zur Verfügung haben. Hat man nicht

Geflügel wird von vielen Tieren gern gefressen und stellt eine willkommene Abwechslung dar Foto: M. Regent

die Möglichkeit, eine eigene Futtertierzucht zu betreiben, kann man entweder die lebenden oder auch gefrosteten Nagetiere im Zoofachhandel erwerben, oder man bestellt sich gefrostete Ware, die man zu Hause im Tiefkühlschrank lagert. Es gibt heutzutage schon viele Firmen, die sich auf diesen Zweig der Terraristik spezialisiert haben und z. B. Schlangenhalter mit gefrosteten Futtertieren beliefern. Sie führen alle erdenklichen Futtersorten, von Mäusebabys über Eintagsküken bis hin zu großen Ratten und Futterhasen, die in den meisten Fällen sehr gut verpackt und mit Trockeneis in 1A-Qualität geliefert werden. Gefrostete Nager und gefrorenes Geflügel taut man vor der Fütterung sorgfältig und schonend auf, bis das Futter handwarm ist. Danach werden die toten Tiere von der Pinzette an die Boas verfüttert.

Gut sind die langen Fangzähne im vorderen Bereich des Schlangenmauls zu erkennen
Foto: M. Regent

Bei der Fütterung sollte der Pfleger das Futtertier mit leichten Bewegungen in Kopfnähe der Schlange präsentieren. Hat die Boa Hunger, wird sie durch den Geruch und das Wärmesinnesorgan den Nager oder das Geflügel bald wahrnehmen, die Beute schnappen und umschlingen. Pflegen wir nur eine Schlange im Terrarium, können wir den Nager auch lebend hineinsetzen, dann sollten wir aber den Fang und Würgeakt beobachten. Hat die Boa nach 20 Minuten immer noch kein Interesse am Futter, nehmen wir den Nager wieder heraus, da es vorkommen kann, dass er die Schlange annagt. Solche Unfälle kommen in der Praxis beim Verfüttern lebender Nagetiere leider aus Unachtsamkeit immer wieder einmal vor. Des Weiteren sollten wir bei der Fütterung auf Wärmequellen wie z. B. Spotstrahler im Terrarium achten, denn es kommt ab und zu vor, das die Hundskopfboa das Futter zwar wittert, sich aber, fehlgeleitet durch ihre Wärmerezeptoren, doch für einen Angriff auf den Strahler entscheidet, da dieser ja ebenfalls Wärme abstrahlt. Daher sollten Licht- und Wärmequellen vor der Fütterung ausgeschaltet werden, um Verletzungen zu vermeiden. Die besten Fütterungszeiten sind die Nachtstunden, da die Hundskopfboas in dieser Zeit ihre größte Aktivität zeigen und man damit das oben genannte Problem umgeht.

Die Größe der Futtertiere sollte ungefähr dem Umfang der Schlange entsprechen. Da sich Hundskopfboas nicht sehr viel bewegen, ist die Gefahr einer Überfütterung der Tiere sehr groß. In der Natur werden die Boas zwar Zeiten des Überflusses haben, aber auch Zeiten, in denen wenig Nahrung zur Verfügung steht. Das Fütterungsintervall sollte im Terrarium ca. 12–15 Tage betragen. In der Häutungsphase bieten wir kein Futter an, da die Schlange zur Verdauung sehr viel Energie benötigt und es mitunter die Häutung negativ beeinflussen kann.

Mit Vitamingaben, die in die Futtertiere gespritzt werden, sollte man vorsichtig sein. Gerade ein Überschuss an Vitamin A lässt die Boas zu oft häuten. Verfüttern wir frische und gefrostete Tiere im Wechsel, sind unsere Boas ausreichend mit Vitaminen versorgt.

Lebende Mäuse und Ratten aus eigener Zucht besitzen einen wesentlich höheren Nährwert als Frostware und sollten öfter auf dem Speiseplan stehen Foto: M. Regent

Lebende Ratten kann man auch im Zoofachhandel erwerben Foto: M. Regent

WUSSTEN SIE SCHON?

Werden Grüne Hundskopfboas zu häufig gefüttert, leiden sie früher oder später oft an Verfettung (besonders der inneren Organe). Das führt zu Erkrankungen, und die Tiere erreichen kein hohes Alter. Weiterhin kann eine Extremfütterung auch spontan das Auswürgen der Nahrung (Regurgitieren) hervorrufen.

Lebenserwartung

ÜBER die Lebenserwartung von *Corallus caninus* und *C. batesii* in der freien Natur können bislang keine Angaben gemacht werden. Im Brookfield Zoo von Chicago wurde ein Tier über 15 Jahre gepflegt, welches schon ausgewachsen in den Besitz des Zoos gelangte (Bowler 1977). Bei optimaler Pflege und Gesundheit erscheint es somit durchaus möglich, dass Grüne Hundskopfboas ein Lebensalter von 20 Jahren und mehr erreichen.

Häutungsschwierigkeiten

ALLE Schlangen häuten sich regelmäßig. In den ersten Lebensjahren sind die Häutungsintervalle entsprechend dem schnelleren Wachstum in kürzeren Abständen zu beobachten, aber auch im Alter finden noch regelmäßig Häutungen statt. Das liegt daran, dass Schlangen ihr Leben lang wachsen. Als juvenile und semiadulte Tiere häuten sich Grüne Hundskopfboas ca. 4–6 Mal im Jahr, als adulte Schlangen 3–4 Mal. Die Häutungsabstände sind allerdings auch stark von den Fütterungsabständen abhängig.

Durch das Reiben der Maulpartie an den Ästen wird die alte Haut dort geöffnet und kann nun im Ganzen abgestreift werden
Foto: M. Regent

Dass ein Hundskopfschlinger in die Häutungsphase gelangt, bemerkt man als Erstes daran, dass seine Farben blasser werden, gefolgt von trübe erscheinenden Augen. In dieser Phase sind die Boas besonders inaktiv und verbleiben auf ihrem Ruheast, bis die eigentliche Häutung kurz bevorsteht. Die blasse Schuppenfarbe und die trüben Augen kommen daher, dass sich zwischen der Alten und der neu entstehenden Haut ein Flüssigkeitsfilm bildet. Erst kurz bevor die alte Haut abgestreift wird, erscheinen die Farben des Schuppenkleides und den Augen wieder etwas intensiver, denn in dieser Phase wird der Flüssigkeitsfilm resorbiert. Steht die Häutung unmittelbar bevor, werden die Boas aktiv und reiben ihre Maulspitze an einem Ast, um die alte Haut an dieser Stelle zu öffnen. Dann kriechen sie durch das Geäst und streifen die Haut dabei komplett in einem Stück ab. Ist das nicht der Fall, halten wir *Corallus caninus* bzw. *C. batesii* bei einer zu geringen Luftfeuchtigkeit, beregnen zu wenig oder es liegt im schlimmsten Falle eine Erkrankung vor.

DER PRAXISTIPP

Häuten sich die Schlangen nicht optimal (in Fetzen, wobei Häutungsreste am Körper haften bleiben), sollten sie 3-4 Mal am Tag mit lauwarmem Wasser besprüht oder in ein gut schließendes Gefäß gesetzt werden, in dem sie ein mehrstündiges Bad nehmen können. Danach lässt sich die alte Haut meist gut mit den Fingern ablösen.

Jungtier von *Corallus caninus* während der Häutung Foto: M. Regent

Krankheiten

BEVOR wir zu den eigentlichen Krankheiten kommen, hier noch ein ganz wichtiger Aspekt bei der Gesunderhaltung von *Corallus caninus* und *C. batesii*. Für Grüne Hundskopfboas ist Ruhe eine wichtige Voraussetzung! Das Terrarium sollte nicht an Orten stehen, denen man ständig sehr nah ist und an denen man viel vorbeiläuft. Das stresst die Tiere auf Dauer zu stark. Eine ruhige Zimmerecke muss es bei dieser Art schon sein. Weiterhin sollten wir auf Erschütterungen achten, die sich auf das Terrarium übertragen können, wie z. B. der Bass von lauter Musik. Es ist immer von Vorteil, wenn das Terrarium recht hoch steht und wir zu unseren Pfleglingen aufschauen müssen. So fühlen sich die Tiere sicherer.

Während des Schluckvorgangs sollte man sich die Mundschleimhaut der Boa anschauen: Erscheint sie weiß und fad, kann ein Problem vorliegen. Das Bild zeigt die Mundschleimhaut eines gesunden Tieres.
Foto: M. Regent

Von den Krankheitsursachen können hier nur die häufigsten genannt werden. Zeigen die Tiere Unwohlsein oder Veränderungen, ist es das Beste, sich gleich an einen reptilienspezialisierten Tierarzt zu wenden (eine Liste solcher Veterinäre kann unter www.dght.de eingesehen werden).

Innenparasiten

Ein latent vorhandener Befall mit Innenparasiten (Endoparasiten) führt häufig zu Erkrankungen,

Krankheitsanzeichen

- am Tage untypische Lage auf dem Ast
- sichtbarer Gewichtsverlust
- extreme Häutungsschwierigkeiten
- hörbare Atemgeräusche
- Bläschen am Schlangenmaul, eventuell offenes Maul
- feuchte Nasenlöcher
- breiige, übel riechende Ausscheidungen
- längere Futterverweigerung (außer bei Paarungsaktivitäten und Trächtigkeit)
- Auswürgen der Nahrung
- ständig passives Verhalten, auch während der nächtlichen Aktivitätszeit
- Koordinationsstörungen

wenn die äußeren Umweltbedingungen für die Schlangen nicht optimal sind. Ein geringer Befall kann dagegen durchaus zeitlebens unerkannt bleiben, wenn die Boa ansonsten gesund ist und optimal gehalten wird. Zu den häufigsten Endoparasiten zählen z. B. Flagellaten (Geißeltierchen), Nematoden (Fadenwürmer), Kokzidien (Sporentierchen), Amöben, Bandwürmer und Saugwürmer. Diese Parasiten befallen vor allem den Darm und die inneren Organe.

Man sollte schon während der Quarantänezeit (vor allem bei Wildfängen) und natürlich auch bei direkten Hinweisen auf einen Befall eine Kotprobe an ein tierärztliches Labor (siehe „Weitere Informationen") einschicken und dort auf Parasiten untersuchen lassen. Noch besser ist es, wenn Sie eine solche Untersuchung routinemäßig durchführen. Die frische Probe wird z. B. in einer Filmdose oder in einem speziellen Röhrchen vom Tierarzt gut verpackt und zum Labor geschickt. Ist die Boa schon auffällig geschwächt und erscheint äußerlich krank, müssen Sie mit dem Tier

Röhrchen für Kotproben Foto: M. Regent

sofort – möglichst auch mit einer frischen Kotprobe – zu einem reptilienspezialisierten Tierarzt fahren. Dieser wird Ihnen nach der Diagnose zeigen, wie Sie das Medikament mit der Schlauchsonde oder Spritze verabreichen.

Außenparasiten

Zu diesen Plagegeistern zählen die Schlangenmilben (*Ophionyssus natricis*) und Zecken. Zecken treten vor allem bei frisch importierten Hundskopfboas häufig auf. Man kann sie entweder selbst problemlos mit einer Zeckenzange entfernen, oder Sie lassen diese Prozedur vom Tierarzt durchführen. Die blutsaugenden Schlangenmilben treten aber weitaus häufiger auf. An Grünen Hundskopfboas sind sie gar nicht so leicht zu erkennen, da diese Schlangen sich bei einem Befall nicht in die Wasserschale legen, um sich der Plage zu entledigen, wie es z. B. *Boa constrictor* tut; somit finden wir auch keine ertrunkenen Milben in der Wasserschale. Die Schlangen sollten ab und zu also ganz genau betrachtet werden. Milben saugen sich gern an den Augenrändern und unter den Schuppen fest. Große, vollgesogene Milben sind tiefrot bis schwarz gefärbt, und ab und zu kann man so ein Tierchen über die Schlange laufen sehen. Bei starkem Befall kann man auf dem Körper der Boa auch winzige weiße Pünktchen erkennen, wobei es sich um den Milbenkot handelt. Stellt man einen Befall mit diesen Außen- oder Ektoparasiten fest, muss unverzüglich behandelt werden, da Milben Bakterien und Viren übertragen können und zu Schwächung durch Blutentzug führen.

Mit Blut vollgesaugte Schlangenmilben an den Gruben eines Grünen Hundskopfschlingers Foto: M. Regent

Das gebräuchlichste Mittel zur Bekämpfung von Schlangenmilben ist der Wirkstoff Dichlorvos, welcher z. B. in „Detia Insektenstrips“ oder auch „Bolfo Insektenstrips“ (aus dem Zoofachhandel) enthalten ist. Man schneidet hierzu nach vorheriger Berechnung ein passendes Stück aus der Wirkstoffplatte und steckt es in einen Nylonstrumpf. Die Dosierung sollte ca. 10 cm^2 Insektenstrip auf 0,25 m^3 Terrarium betragen. Der Strumpf wird dann ungefähr mittig im Terrarium an der Decke aufgehängt. Während der Behandlung mit Dichlorvos darf keine Trinkwasserschale vorhanden sein, und es darf nicht gesprüht werden, da der Wirkstoff bei hoher Luftfeuchtigkeit unwirksam wird. Eine trockene Haltung wiederum ist ein Problem für *Corallus caninus* und *C. batesii*. Deshalb sollte man nach 2–3 Tagen die Behandlung unterbrechen, den Tieren erst mal wieder Trinkwasser reichen und auch mehrmals ausgiebig sprühen. Nach einem weiteren Tag können wir dann ein neues Stück der Wirkstoffplatte in das Terrarium hängen usw. Auf diese Weise sollte man mindestens 3–4 Mal verfahren, um die jeweils frisch aus den Eiern geschlüpften Milben ebenfalls abzutöten. So erreicht man einen guten Kompromiss zwischen den Bedürfnissen der Boas und den Erfordernissen der Behandlung. Es versteht sich von selbst, dass das Terrarium vor und nach der Behandlung gründlich gereinigt wird. Es sollte in Erwägung gezogen werden – oder besser, es ist ein Muss –, auch die alten Pflanzen, Äste etc. gegen neue auszutauschen, da im Pflanzensubstrat und anderen Dekomaterialien Milbeneier verborgen sein könnten.

Bakterielle Infektionen

Die häufigsten bakteriellen Erkrankungen bei Schlangen sind Infektionen der Atemwege (Lungenentzündung), Infektionen des Magen-Darm-Traktes und Entzündungen der Maulschleimhaut (Maulfäule). Symptome können u. a. nässende Nasenlöcher, hörbare Atemgeräusche, ein leicht geöffnetes Maul, Eiterherde auf der Mundschleimhaut, Erbrechen der Nahrung, Nahrungsverweigerung und abnormale Ausscheidungen sein. Man sollte in jedem Fall seine Tiere stets gut beobachten, um Veränderun-

DER PRAXISTIPP
Kommt es bei *Corallus caninus* und *C. batesii* einmal zum Auswürgen der Nahrung, darf das Tier in den folgenden 15-20 Tagen kein Futter erhalten, und es muss in der Zeit sehr penibel auf eine gute Wasserversorgung (mehrmals täglich sprühen) geachtet werden. Danach wird der Boa zunächst ein sehr kleines Futtertier angeboten. Verdaut sie dieses gut, kann die Größe der Futtertiere bei den nächsten Fütterungen langsam wieder erhöht werden.

Maul und Nase sollten beim Gesundheitscheck stets gut beobachtet werden Foto: M. Regenl

gen frühzeitig zu erkennen. Liegt der Verdacht einer solchen Erkrankung vor, sollte mittels eines Tupfers ein Abstrich von der Maulschleimhaut der Hundskopfboa genommen werden und/oder eine Kotprobe an ein tierärztliches Labor geschickt werden bzw. das Tier selbst beim reptilienspezialisierten Tierarzt vorgestellt werden. Dort wird eine Diagnose gestellt und ein Resistenztest gemacht, um im Bedarfsfall das richtige Antibiotikum für die nötige Behandlung zu finden. Um sich weiter in die Materie der Schlangenkrankheiten einzulesen, finden Sie einige Empfehlungen im Anhang dieses Buches.

Nachzucht

DIE Nachzucht von *Corallus caninus* unter Terrarienbedingungen gelingt leider noch immer nicht sehr häufig. Es ist u. a. erforderlich, die klimatischen Verhältnisse im natürlichen Lebensraum

Terrariennachzuchten von *Corallus caninus* sind immer noch nicht sehr häufig, der Großteil der gehaltenen Tiere basiert auf Wildfängen. Im Bild: einjährige Nachzucht mit fast abgeschlossener Umfärbung. Foto: M. Neppe

der Schlange im Terrarium penibel nachzustellen. Schauen wir uns das Klima in Guyana und Surinam an, aus dem die meisten Grünen Hundskopfboas importiert werden, stellt man fest, dass es dort zwei Regenzeiten gibt: eine sogenannte kleine Regenzeit von Anfang Dezember bis Anfang Februar und eine große Regenzeit von Ende April bis August.

Natürlich regnet es auch in den anderen Monaten, nur extrem weniger. Weiterhin schwanken die Temperaturen in dieser Zeit, wenn auch geringfügig. Für eine erfolgreiche Nachzucht ist es daher erforderlich, die klimatischen Verhältnisse im Terrarium im Jahresverlauf entsprechend zu ändern.

Corallus caninus wird normalerweise im Terrarium zu den asaisonalen Schlangen gezählt, was bedeutet, dass diese Boas keine festgelegte Paarungszeit im Jahr haben. Dies sollte man aber nicht verallgemeinern, denn häufig – oder fast immer – kommt es in unseren Breiten zu Paarungen in den Wintermonaten oder im Frühling, also genau zu der Zeit, in der in Guyana und Surinam die Regenzeiten herrschen.

Gesunde Bauchschuppen sind glänzend weiß bis gelblich und liegen am Körper an. Verfärbungen und Einschlüsse können auf einen Pilz- oder Bakterienbefall hinweisen. Foto: M. Regent

Interessanterweise verhält es sich bei *C. batesii* aus dem Amazonas-Tiefland ganz anders. Es scheint, dass es bei dieser Art keine feste Paarungszeit gibt und Paarungen sowie Geburten das ganze Jahr über auftreten. Vermutlich liegt dies am Verbreitungsgebiet von *Corallus batesii*, da das Amazonas-Tiefland näher am Äquator liegt und daher keine solch relativ starken Temperaturschwankungen im Jahresverlauf auftreten wie im nördlicheren Guayana-Schild-Gebiet, in dem *C. caninus* lebt. Somit wäre *C. caninus* als saisonal und *C. batesii* als asaisonal zu bezeichnen. Demzufolge benötigt letztere Art nicht den relativ starken Temperaturabfall, um in Paarungsstimmung zu kommen.

DER PRAXISTIPP

Das Sondieren sollte nur von einem erfahrenen Züchter oder Tierarzt vorgenommen werden. Zu groß wäre das Risiko einer folgenschweren Verletzung (Zeugungsunfähigkeit) durch unsachgemäße Ausführung. Man kann sich das Sondieren aber auch zeigen lassen und selbst erlernen.

Geschlechtsunterschiede

Die Geschlechter lassen sich am sichersten durch das Sondieren mittels einer Knopfsonde ermitteln. Dabei wird die Sonde unterhalb der Kloake in die Geschlechtstasche eingeführt. Bei männlichen Tieren lässt sich die Knopfsonde 10–15 gezählte Subcaudalschilde

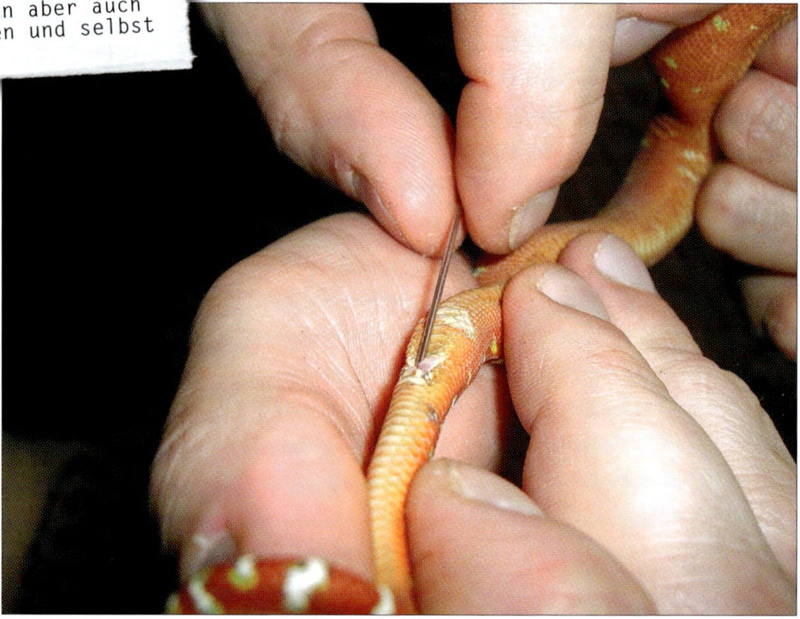

Jungtiere sollten schon einige Monate alt sein, bevor sie sondiert werden Foto: M. Neppe

Bei männlichen Tieren lässt sich die Knopfsonde 10–15 Subcaudalschilde tief einführen. Mit dem Finger markiert man die Eindringtiefe, nach dem Sondieren wird die Sonde von außen am Körper angelegt, und man zählt die Anzahl Schuppen von der Kloake abwärts.
Foto: M. Neppe

tief einführen, während sie bei Weibchen nur 3–6 Subcaudalschilde weit eindringt. Adulte weibliche Grüne Hundskopfboas sind auch größer und massiger, adulte männliche Tiere sind eher schlank und besitzen längere Aftersporne. Die Geschlechtsreife wird bei weiblichen Tieren mit ca. vier Jahren erreicht, bei den Männchen mit etwa drei Jahren.

Zuchtvorbereitungen

Die Männchen und Weibchen von *C. caninus* sollten vor der Paarungszeit eine Weile getrennt gehalten werden, obwohl Zuchterfolge auch schon erzielt wurden, wenn beide Geschlechter zuvor länger zusammengelebt haben. Gegen Ende des Jahres (ab November/Dezember) oder auch im Frühling (ab April) werden die klimatischen Verhältnisse im Terrarium langsam verändert. Nun sollte verstärkt gesprüht werden, um die relative Luftfeuchtigkeit zu erhöhen und die einsetzende Regenzeit zu simulieren. Weiterhin sollte die Nachttemperatur schrittweise auf ca. 20 °C gesenkt werden, und auch die Tagestemperatur kann um 1–2 °C sinken. Nach wenigen Wochen können die Tiere nun zusammengeführt werden, sofern sie sich nicht schon in einem Terrarium befinden. Spätestens zu diesem Zeitpunkt sollten die Boas anfangen, ihr Verhalten zu ändern (Zunahme der Aktivität). Meist bemerkt man am Tage allerdings keine Veränderung, da die Tiere wie immer auf ihren Liegeästen ruhen. Erst nachts lassen sich im besten Falle die entsprechenden Verhaltensänderungen beobachten.

WUSSTEN SIE SCHON?
Weibliche Hundskopfboas sollten in den Monaten vor den Zuchtbemühungen mit gutem Futter verwöhnt werden, damit sie genügend Reserven für die Trächtigkeit haben. Es darf aber auf keinen Fall damit übertrieben werden und in einer Art Mästen ausarten. Ab und zu ein Futtertier mehr in etwas kürzeren Abständen ist völlig ausreichend.

Bei *C. batesii* unterscheiden sich die Zuchtvorbereitungen im Allgemeinen nicht sehr stark von denen von *C. caninus*. Zuchtversuche können aber das ganze Jahr über stattfinden. Für die Amazonas-Tieflandform müssen die Temperaturen im Jahresverlauf für eine erfolgreiche Paarungsstimulation nicht so stark gesenkt werden. Es ist aber auch hier von Vorteil, die Nachttemperaturen um 1–3 °C vom Normalwert zu senken und die einsetzende Regenzeit durch verstärktes Sprühen zu simulieren. Die Tagestemperatur kann auch etwas unterhalb des sonstigen Normalwertes liegen.

Erwähnenswert ist, dass *C. batesii* wesentlich leichter zu Paarungen schreitet als *C. caninus*.

Werbung und Paarung

Männchen verweigern in der Paarungszeit meist das Futter und interessieren sich nur noch für das Weibchen. Dabei kriecht die männliche Schlange nachts über den Körper des Weibchens und streichelt es förmlich mit ihrem Schwanz bzw. kratzt mit den Afterspornen über die Schuppen des weiblichen Tieres. Dieses Werbeverhalten kann mehrere Tage bis Wochen anhalten. Mit etwas Glück können wir die Ovulation (Eisprung) des Weibchens erleben, was man am extremen Anschwellen seiner Körpermitte erkennt. Die Schwellung geht nach 2–3 Tagen allmählich wieder zurück. Ist das Weibchen paarungsbereit, hebt es den Schwanz und öffnet seine Kloake, um dem Männchen das

Während der Paarung liegen die Hundskopfschlinger mit eng umschlungenen Schwänzen in Geäst Foto: H. Quirmbach

Einführen des Hemipenis zu ermöglichen. Nun liegen beide Tiere meist stundenlang ruhig im Geäst, mit eng umschlungenen Schwänzen, und kopulieren. Man sollte die Tiere nicht zu früh trennen, da Kopulationen immer wieder über mehrere Wochen stattfinden.

Trächtigkeit

Sind die Paarungen und die Befruchtung erfolgreich verlaufen, ändert sich in den nächsten Wochen das Verhalten der weiblichen Grünen Hundskopfboa. Zu diesem Zeitpunkt sollte man die Temperatur und die Luftfeuchtigkeit im Terrarium wieder auf die Normalwerte einstellen. Das Weibchen sucht nun vermehrt nach einem warmen und für das Tier optimalen Platz. Dieser befindet sich meist direkt unter der Wärmelampe, wo Temperaturen um die 30 °C und mehr herrschen. Etwa 2–3 Wochen nach der Befruchtung kommt das Weibchen in die sogenannte Post-Ovulationshäutung. Diese Häutungsphase dauert etwas länger als die normale Wachstumshäutung und ist ungefähr innerhalb von gut zwei Wochen abgeschlossen. Ab diesem Zeitpunkt dauert es noch ungefähr 130–160 Tage bis zur Geburt. Nur noch selten begibt sich das gravide (tragende) Weibchen an kühlere Orte; oft kriecht es nun auch am Tage (meistens morgens) umher und sucht die wärmste Stelle im Terrarium auf, um sich nach den niedrigeren Nachttemperaturen aufzuheizen. Es sollte dem Weibchen im gewohnten Abstand Futter angeboten werden, nur darf dieses nicht zu groß ausfallen, damit die Boa nicht überlastet wird. Mit der Zeit erkennt man langsam die äußerlichen Veränderungen: Der Umfang der Schlange nimmt zu, und ihre Haut wirkt gespannt. Mit fortschreitender Trächtigkeit dehnt sich die Haut immer mehr, und man kann schließlich die Schuppenzwischenräume erkennen.

Ist eine weibliche Hundskopfboa augenscheinlich gravide, sollte man natürlich alle störenden Faktoren vermeiden. Auch das Männchen kann man zu diesem Zeit-

DER PRAXISTIPP

Klappt der Zuchtversuch mit einem Männchen nicht, sollte man ein anderes männliches Tier zu dem Weibchen setzen. Man kann jedoch auch eine frische Häutung von einem fremden Männchen zu dem ersten Zuchtpärchen in das Terrarium hängen. Eventuell wird das Männchen durch den fremden Geruch eines Konkurrenten seine Paarungsaktivitäten verstärken. Ist diese Methode auch nicht wirksam, kann man auch ein zweites Männchen zu dem Pärchen setzen. Unter den Männchen kann es allerdings zu Kommentkämpfen kommen, wobei das unterlegene Tier Verletzungen davon tragen kann. Daher sollte alles sehr gut beobachtet werden, denn natürlich muss das schwächere Tier rechtzeitig aus dem Terrarium genommen werden, bevor es zu Verletzungen kommt.

punkt in ein anderes Terrarium überführen, was aber kein Muss ist, da es weder die Trächtigkeit noch Geburt negativ beeinflusst. Voraussetzung ist natürlich ein gut strukturierter Lebensraum.
Die Trächtigkeitsdauer bei *C. caninus und C. batesii* liegt zwischen fünf und sechs Monaten. Genauere Angaben können leider nicht gemacht werden, da der Zeitpunkt der erfolgreichen Befruchtung durch das Männchen nicht genau bestimmt werden kann. Während der Paarungsphase kommt es mehrmals zu Kopulationen und auch zu mehrmaligen Spermaabgaben.

DER PRAXISTIPP
Dem trächtigen Weibchen sollte ab und zu Futter angeboten werden, auch wenn es schon länger gefastet hat. Manche Tiere fressen während der gesamten Trächtigkeit, andere nur am Anfang; wieder andere beginnen erst im Laufe der Gravidität mit einer Nahrungsaufnahme. Die Futtertiere sollten keinesfalls zu groß sein, da der Bauchraum ja nun begrenzt ist.

Geburt

Die Grünen Hundskopfschlinger gehören, wie alle Boas, zu den umgangssprachlich „lebendgebärend" genannten Schlangen. Das bedeutet, das Weibchen gebärt voll entwickelte Jungschlangen, die sofort ohne weitere Pflege seitens des Muttertieres überlebensfähig sind. Die gesamte Entwicklung des Embryos findet im Mutterleib statt, wobei die Feten keine direkte mütterliche Ernährung erfahren, sondern sich ausschließlich von ihrem Eidotter ernähren. In einem solchen Fall spricht man besser von eilebendgebärend bzw. viviovipar (manchmal auch ovoviviipar genannt).

Aufzucht der Jungtiere

DIE kleinen Grünen Hundskopfboas sollte man zur besseren Kontrolle und Aufzucht aus dem Terrarium der Eltern entfernen. Das Herausnehmen der Neonaten muss aber sehr vorsichtig vorgenommen werden, da sie noch sehr zart und verletzlich sind. Die Jungschlangen dürfen auf keinen Fall grob angefasst werden. Bewährt hat sich folgende Methode: Mit einem kleinen, etwa 40–50 cm langen Ast, der in etwa dem Umfang der jungen Hundskopfboas entsprechen sollte, kann man den Nachwuchs vorsichtig von einem anderen Ast im Terrarium entnehmen. Dabei wird der Ast zunächst vorsichtig unter die Körperschlingen der jungen Schlange gescho-

Rückt der Zeitpunkt der Geburt näher, wird das Weibchen wieder unruhiger und liegt jetzt öfter in lang gestreckter, untypischer Haltung auf den Ästen. Weiterhin kann man beobachten, dass die Kloakenregion immer mehr anschwillt. Das ist der Zeitpunkt, an dem die Jungschlangen in ihren Eihäuten kurz vor der Geburt stehen. Während des Geburtsvorgangs hängt das Weibchen mit seinem hinteren Körperdrittel nach unten und hält sich meist mit dem Schwanz an einem der Äste fest. Nun beginnt es, die Jungen durch Muskelkontraktionen aus der Kloake zu pressen. Kurz danach durchstoßen die Neonaten (Neugeborenen) mit ihren Köpfen die Eihäute und beginnen zu atmen. Unbefruchtete Eier werden auch immer mal wieder mit abgesetzt und haben eine gelblich braune Farbe. Der gesamte Geburtsvorgang dauert im besten Falle eine halbe bis ganze Stunde. Die jungen Hundskopfboas sollten noch eine Weile in Ruhe gelassen werden, bis sie selbstständig anfangen, auf die Äste zu kriechen. Die Anzahl der geborenen Jungen schwankt durchschnittlich zwischen sieben und bis zu 20 Tieren. Dies ist abhängig von der Größe und dem Alter des Muttertiers. Je höher die Anzahl der Neonaten in einem Wurf, desto geringer sind in der Regel ihr Körpergewicht und ihre Körperlänge. Die Jungschlangen weisen meist eine Gesamtlänge von 40–50 cm auf und wiegen zwischen 25 und 50 g.

DER PRAXISTIPP

Durchstößt ein Jungtier nach der Geburt die Eihaut nicht selbstständig, kann man es durch Anstupsen dazu animieren. Im schlimmsten Falle würde es ansonsten ersticken.

ben und leicht angehoben. Nun kitzelt man mit der anderen Hand am Schwanz der kleinen Schlange, und sie wird dadurch die Umklammerung lösen. Automatisch hält sie sich nun an dem Ast fest, den wir in der Hand halten, und kann damit in das Aufzuchtterrarium überführt werden. Am besten ist es, wenn wir den Ast dort einfach hineinstellen, und die junge Schlange selbstständig in das andere Terrarium kriechen kann; so müssen wir sie nicht noch einmal vom Ast lösen. Zur weiteren Entnahme von Jungtieren nimmt man einfach einen neuen Ast. Ich möchte noch einmal betonen, dass dieses Prozedere sehr vorsichtig vollzogen werden muss. Da manche der jungen

Artgerecht untergebrachte Jungtiere im Aufzuchtterrarium Foto: M. Regent

Schlangen durch die Störung auch gerne einmal zubeißen, sollte man in Erwägung ziehen, dabei Handschuhe zu tragen. Jungtiere der Grünen Hundskopfboas können aber noch keine ernsthaften Verletzungen hinterlassen.

Für die Aufzucht kommen zwei bewährte Möglichkeiten infrage: die Gruppenaufzucht in einem oder zwei Terrarien (je nach Jungtieranzahl) oder die Einzelaufzucht in kleinen Faunaboxen, die in ein größeres Terrarium gestellt werden. Die erste Methode hat den Nachteil, dass die kleinen Boas zur Fütterung in eine Faunabox überführt werden müssen, damit es nicht zu Beißereien durch Futterneid kommt. Der Vorteil liegt allerdings darin, dass sie in einem größeren und strukturiert eingerichteten Terrarium ihr volles Verhaltensspektrum zeigen können und somit artgerechter leben. Weiterhin gehen junge Hundskopfboas, die in Gruppen zusammenleben, besser an das angebotene Futter (eigene Beobachtungen). Ein Terrarium mit einer Größe von 60 x 60 x 60 cm, das mit einigen Ästen und einer Pflanze gut strukturiert ist, ist für 5–7 Jungtiere im ersten Lebensjahr als ausreichend anzusehen.

Die Methode der Einzelaufzucht hat sich aber auch sehr bewährt. Dabei wird jede junge Hundskopfboa einzeln in eine kleine Aufzuchtbox (z. B. Faunabox) gesetzt. Die Aufzuchtbox sollte einen Liegeast im oberen Drittel und eine Trinkschale beherbergen. Als Bodengrund nimmt man Fließpapier, welches die Feuchtigkeit aufsaugt und schnell austauschbar ist. Mehrere Aufzuchtboxen sollten dann gemeinsam in ein leeres Terrarium gestellt werden, um dort ein optimales Klima für die kleinen Boas zu erzielen. Der Vorteil dieser Methode

In der Häutungsphase erscheinen Haut und Augen der Boa trübe, vgl. das rote Jungtier in der Mitte des Bildes Foto: M. Regent

ist, dass man einfach und gezielt jedes Jungtier mit Futter versorgen kann und dass sich das Aufzuchtbecken sehr gut reinigen lässt. Der Nachteil besteht im eingeschränkten Verhaltensmuster der kleinen Schlangen und darin, dass einzeln gehaltene junge *C. caninus und C. batesii* eventuell nicht so gut an das angebotene Futter gehen. Bis zur Abgabe der kleinen Grünen Hundskopfschlinger ist diese Aufzuchtmethode aber vertretbar.

DER PRAXISTIPP
Die Nabelschnur, die noch an der kleinen Hundskopfboa hängt, sollte nicht abgeschnitten oder abgerissen werden. Sie trocknet langsam ein und fällt nach wenigen Tagen von selbst ab. Zurück bleibt erst einmal eine kleine Hautfalte längs des Körpers am Bauch, die mit der Zeit verwächst. Weiterhin sollten die Jungtiere und ihr Lebensraum besonders in den ersten Lebenswochen sehr oft (4-5 Mal täglich) besprüht werden, damit sie nicht austrocknen. Faltige Haut deutet auf eine zu trockene Haltung hin.

Eine Futtermaus wird abgeschluckt
Foto: M. Regent

Fütterung der Jungtiere

Nachdem die kleinen Hundskopfboas in das Aufzuchtterrarium bzw. in die Aufzuchtbox überführt wurden, lässt man sie erst einmal ein paar Tage in Ruhe. Die klimatischen Verhältnisse und die Pflegearbeiten sollten natürlich genauso wie bei den Elterntieren eingestellt bzw. gehandhabt werden. Nach wenigen Tagen bis ca. zwei Wochen nach der Geburt werden sich die kleinen Schlangen das erste Mal häuten. Bis zu diesem Zeitpunkt bietet man den Jungtieren kein Futter an. Erst wenn diese Häutung überstanden ist, werden die kleinen Boas in den Nachtstunden richtig aktiv. Nun ist der beste Zeitpunkt gekommen, ihnen ihre erste Mahlzeit anzubieten. Für die allererste

Fütterung im Leben einer kleinen Hundskopfboa eignen sich am besten lebende kleine Mäuse. Ein lebendes Futtertier reizt eine Jungschlange natürlich am meisten und bewegt sie am ehesten zur Futteraufnahme. Die kleinen Mäuse sollten eine Körperlänge von ca. 2 cm haben und schon leicht behaart sein. Die Maus wird einfach in den Abendstunden in die Futter- bzw. Aufzuchtbox gesetzt, dann lässt man die kleine Schlange mit dem Nager in Ruhe.

Die jungen Hundskopfboas nehmen zu sehr unterschiedlichen Zeitpunkten das erste Mal Futter zu sich. Man darf nicht ungeduldig sein, Ruhe zahlt sich aus. Manche Tiere lösen schon kurz nach dem Hinzusetzen der Maus ihre Körperschlingen, gehen in Lauerstellung und schlagen kurze Zeit später zu, um das Futtertier zu erwürgen. Andere tun dies erst nach mehreren Stunden in der Nacht. Wieder andere Tiere verschmähen das Futter erst einmal ganz. Bei solchen Jungtieren sollte man die Maus am nächsten Tag wieder herausnehmen, und es 1–2 Tage später noch einmal versuchen. Man kann evtl. auch mit frisch geborenen nackten Rattenbabys einen weiteren Versuch starten. Dieses „Spiel“ sollte man ruhig einige

Nachdem die Beute heruntergeschluckt wurde, nehmen die Boas langsam wieder ihre typische Ruhestellung ein. Auf dem Bild ist sehr schön die Maus in der Magengegend der Schlange zu erkennen. Foto: M. Regent

Junge behaarte Mäuse und noch nackte Rattenbabys stellen das ideale Aufzuchtfutter für die Hundskopfboas dar Foto: M. Regent

Zeit beibehalten, die Nacht wird kommen, wo die kleine Hundskopfboa erstmals zuschlägt. Man braucht also keine Angst zu haben, dass das Jungtier gleich verhungert. Bei Jungschlangen, die allerdings länger als zwei Wochen das angebotene Futter verweigern, sollte man variieren und der Futtermaus den Geruch von Geflügel geben. Dazu besorgt man sich ein totes Eintagsküken und reibt damit vorsichtig die lebende Maus ein; am besten, man lässt auch ein paar Federn an der Maus hängen. Dann probiert man es erneut. Hat man nach mehreren Versuchen auch damit keinen Erfolg, kann man versuchen, die natürliche Aggressivität der kleinen Jungschlangen auszunutzen. Dazu nimmt man einen kleinen Nager mit der Pinzette (möglichst in den Nachtstunden, wenn die kleine Boa wach ist) und ärgert die kleine Boa, indem man sie mehrfach damit anstupst. Durch die Störung reagiert die Schlange meist mit Abwehrbissen; mit etwas Glück packt sie dabei die Futtermaus, erwürgt sie und schlingt sie herunter.

Hundskopfboababy mit einer jungen Ratte in der Futterbox. Die Tiere sollten die Beute immer von einem Ast aus schlagen können. Foto: M. Regent

Hat man mit den beschriebenen Fütterungsmethoden nach 6–7 Wochen immer noch einen hartnäckigen Futterverweigerer und keinen Erfolg, sollte langsam an eine Zwangsfütterung gedacht werden. Am besten geeignet sind dafür frisch geborene Mäuse oder kleine Teile von einer jungen Maus oder Ratte. Zunächst nehmen wir die kleine Boa heraus und fixieren sie mit den Fingern hinter dem Kopf. Nun schiebt man sehr vorsichtig mit einer Pinzette das kleine Maus- oder Rattenteil zwischen die Kiefer der Schlange. Befindet sich das Futterstück zwischen Ober- und Unterkiefer, sollte man die Pinzette zur Seite legen und die Nahrung mit einem schmalen Holzspatel und mit viel Gefühl etwas weiter in den Rachen schieben. Bei dieser Arbeit darf aber nie die Gefahr bestehen, die kleine Boa zu verletzen. Sehr hilfreich ist in diesem Fall, wie auch beim Sondieren, eine helfende Hand. Am besten ist es natürlich, wenn man sich die Zwangsfütterung vorher von einem erfahrenen Schlangenhalter zeigen lässt. Hat man das Futterstück weit genug in den Rachen geschoben, wird es in den meisten Fällen bereitwillig geschluckt. Danach setzt man die Hundskopfboa wieder zurück in ihre Aufzuchtbox und prüft in den nächsten Tagen, ob sie das gestopfte Futter gut verdaut hat und es zur Abgabe von Ausscheidungen kommt. Ist alles gut verlaufen, versucht man es anschließend mit den eingangs beschriebenen Fütterungsmethoden. Man sollte durchaus schon nach 5–7 Tagen einen neuen Fütterungsversuch starten, da viele Tiere nach der Zwangsfütterung sozusagen auf den Geschmack gekommen sind (eigene Beobachtung).

DER PRAXISTIPP

Die im Text beschriebenen nützlichen Holzspatel zum Öffnen des Schlangenmauls bzw. als Hilfe bei der Zwangsfütterung kann man entweder in der Apotheke kaufen oder sich einfach in Deutschlands bekanntester Fast-Food-Kette besorgen.

Das Fütterungsintervall sollte bei jungen Hundskopfboas ca. 10–12 Tage betragen. Während der Häutungsphase werden die Kleinen natürlich nicht gefüttert. In der Regel sollte man immer warten, bis sie Kot abgesetzt haben, und erst dann ein neues Futtertier anbieten. Wenn die Jungschlangen sozusagen futterfest sind, kann man ihnen auch tote Futtertiere von der Pinzette anbieten. Die Futtertiergröße sollte dem Wachstum der Grünen Hundskopfboas angepasst werden und ungefähr dem Umfang der Jungschlange entsprechen. Einjährige Tiere fressen schon Springermäuse oder junge Ratten.

Umfärbung

Jungtiere der Grünen Hundskopfschlinger sind sehr verschiedengestaltig (polymorph) und kommen grün, rot, bräunlich rot oder auch grünrot zur Welt. Die weißen Zeichnungselemente der Boas sind allerdings schon ab der Geburt vorhanden und verändern sich nur noch wenig. Man nimmt an, dass die Farbgebung trotz der scheinbaren Auffälligkeit eines einzelnen Tieres der Tarnung dient. Im Blättergewirr des südamerikanischen Regenwaldes verschwimmt diese Zeichnung mit der Umgebung des Lebensraumes. Die Umfärbung der Jungschlangen beginnt ungefähr mit sechs Monaten und kann in einzelnen Fällen bis zu einem Jahr dauern. Erstaunlicherweise gibt es gravierende Unterschiede in der Umfärbung zwischen *C. caninus* und *C. batesii*. So zeigt *C. caninus* anfangs eine rote bis braunrote Jungtierfärbung, auf der sich im Laufe der Zeit dann kleine grüne Punkte an den Körperflanken bilden, die nach und nach den gesamten Körper überziehen. Nach einiger Zeit durchdringt die grüne Farbe langsam das Rot an den Flanken der Tiere, um schließlich auch den Rest des Körpers zu erobern. Der Kopf und der Halsansatz der kleinen Hundskopfboas bleiben noch eine Weile rötlich, gehen aber über Wochen langsam ebenfalls ins Grüne über. Am Ende des Umfärbungsprozesses erkennt man nur noch leichte rötliche Farbeinschlüsse an der Maulpartie. Die nun gänzlich grüne Rückenfarbe der Jungschlangen variiert von extremem Hellgrün über Smaragdgrün bis zu einem Grün mit schwarzen Sprenkeln über den Körper.

Wenige Wochen altes Jungtier von *C. caninus*
Foto: M. Regent

Bei *C. batesii* beginnt die Umfärbung damit, dass sich auf dem braun- bis rostrot gefärbtem Körper langsam dunkel erscheinende Flecken zeigen und der Körper sich leicht kakifarben umfärbt. Bei einem Großteil der Jungschlangen färbt sich die Maulpartie gleich zu Beginn dieses Prozesses kakifarben bis grün. Der Hinterkopf und der Halsansatz bleiben noch eine Wei-

***Corallus batesii* in der Umfärbung** Foto: H. Quirmbach

Zum Ende des Umfärbungsprozesses von *C. caninus* ist nur noch an Kopf und Hals das Rot zu erkennen Foto: M. Regent

le rotbraun. Der gesamte Körper wird nun nach und nach kakifarben, und lediglich im Bereich der weißen Rückenzeichnung kann man noch für einige Wochen die rotbraune Färbung erkennen. Nun verwandelt sich das Kaki über mehrere Wochen langsam in ein Grün. Zum Ende des Umfärbungsprozesses befinden sich nur noch am Hinterkopf und Halsansatz rotbraune Farbeinschlüsse, die nach und nach ins Grüne übergehen. Ausnahmen bestätigen aber die Regel, denn eini-

Dank

ALS Erstes möchte ich meinen Eltern danken, die mein Hobby „Reptilien, Amphibien und Fische“ seit Kindheitstagen unterstützen, egal ob es damals um schwierig beschaffbare Fachliteratur oder um noch mehr Tiere im damaligen Kinderzimmer ging oder um die heutige Urlaubspflege. Weiterhin einen besonderen Dank an Maria für ihre sehr schönen lebendigen Fotos und die gelungene

Weitere Informationen

ZUR Vertiefung der in diesem Buch gegebenen Informationen und zum tieferen Einblick in terraristische und herpetologische Themenbereiche empfehlen sich die Mitgliedschaft in einem Verein gleich gesinnter Terrarianer und ein intensives Literaturstudium. Die folgenden Auflistungen sollen dabei behilflich sein, einen Einstieg in die Thematik zu finden, können aber natürlich nur einen kleinen Ausschnitt aufzeigen.

Vereine und Interessengruppen

Die Deutsche Gesellschaft für Herpetologie und Terrarienkunde (DGHT; www.dght.de; DGHT e. V., Postfach 120433, 68055 Mannheim, Tel.: 0621-86256490, E-Mail: gs@dght.de) ist mit über 7.000 Mitgliedern die weltweit größte Gesellschaft ihrer Art und bringt Wissenschaftler und Hobby-Herpetologen zusammen. Mitglieder erhalten verschiedene herpetologisch/terraristische DGHT-Zeitschriften und haben Zugriff auf ein Kleinanzeigen-Internet-Portal.

ge wenige Tiere besitzen noch einen fast vollständig rotbraun gefärbten Kopf, mit Ausnahme von einigen grünen Schuppen, obwohl der Körper schon fast grün gefärbt ist.

Fazit: Wie wir sehen, sind die beiden Arten doch recht unterschiedlich, aber das macht diese nah miteinander verwandten Schlangen der Gattung *Corallus* so interessant. Es bleibt abzuwarten, womit uns die Grünen Hundskopfboas in Zukunft noch überraschen werden ...

Grafik von *Corallus caninus* und *C. batesii* in diesem Büchlein. Zu guter Letzt danke ich meiner Tochter Stella für ihre Inspiration und Unterstützung durch ihre ganz besondere Art und Weise.

Innerhalb der DGHT existiert die AG Schlangen, die sich auch mit Boas beschäftigt. Sie gibt die eigene Zeitschrift „ophidia" heraus und veranstaltet jährliche Fachtagungen. Kontakt über die DGHT (www.dght.de).

Eine junge Hundskopfboa beim Verschlingen eines Rattenbabys Foto: M. Regent

Zeitschriften

REPTILIA, TERRARIA
Terraristik-Fachmagazine erscheinen je sechs Mal jährlich, mit Internetportal für Kleinanzeigen
Natur und Tier - Verlag GmbH
An der Kleimannbrücke 39/41
48157 Münster
Tel.: 0251-133390
E-Mail: verlag@ms-verlag.de
www.reptilia.de

DRACO
Terraristik-Themenheft
erscheint vier Mal jährlich
Natur und Tier - Verlag, s. o.

Sauria
Terraristik und Herpetologie
erscheint vier Mal jährlich
Terrariengemeinschaft Berlin e.V.
Bruno Treu, Gardes-du-Corps-Str. 12, 14059 Berlin
E-Mail: abo@sauria.de
www.sauria.de

Artenschutzfragen

Bundesamt für Naturschutz
Artenschutzvollzug
Konstantinstr. 110
53179 Bonn
Tel.: 0228-8491-1311
E-Mail: citesma@bfn.de
www.bfn.de

Untersuchungsstellen

Kotproben, Sektionen und andere Untersuchungen können von spezialisierten Tierärzten oder von veterinärmedizinischen Untersuchungsstellen, die es in vielen Städten gibt, vorgenommen werden. Eine Liste mit Tierärzten, die sich mit Reptilien und Amphibien beschäftigen, kann über die DGHT bezogen oder auf www.dght.de eingesehen werden.
Überregional bekannt sind z. B. folgende Einrichtungen:

- Exomed, Postfach 630149, 10266 Berlin, Tel.: 030-51067701
E-Mail: labor@exomed.de, www.exomed.de
- Universität München, Klinik für Vögel, Reptilien, Amphibien und Zierfische, Kaulbachstr. 37, 80539 München, Tel.: 089-2180-2283, Mobil: 0177-5781344, (Notdienst),
E-Mail: reptilienstation@vogelklinik.vetmed.uni-muenchen.de, www.vogelklinik.vetmed.uni-muenchen.de
- Chemisches und Veterinäruntersuchungsamt Ostwestfalen-Lippe
Westerfeldstr. 1, 32758 Detmold, Tel.: 05231-9119
E-Mail: Poststelle@cvua-owl.de, www.cvua-owl.de
- Vet Med Labor GmbH, Division of IDEXX Laboratories
Mörikestr. 28/3, 71636 Ludwigsburg, Tel: 01802-838-633
E-Mail: hotline-Germany@idexx.com, www.idexx.de
(für privat nur über Ihren Tierarzt)

Verwendete und weiterführende Literatur

BONNY, K. (2007): Die Gattung *Boa*. – KUS, Rheinstetten, 262 S.

BOULENGER, G.A. (1893): Catalogue of Snakes in the British Museum (Natural History). Vol. 1, containing the Families Typhlopidae, Glauconiidae, Boidae, Ilysiidae, Uropeltidae, Xenopeltidae, and Colubridae aglyphae, Part. – Trustees of the British Museum, Taylor & Francis, London, 448 S.

BOWLER, J.K. (1977): Longevity of reptiles and amphibians in North American collections as of 1st November 1975. – SSAR Misc. Publs. Herpetol. Circ. 6.

BUNDESMINISTERIUM FÜR ERNÄHRUNG, LANDWIRTSCHAFT UND FORSTEN (Hrsg.) (1997): Gutachten über Mindestanforderungen an die Haltung von Reptilien. – Inhaltlich unveränderte Sonderausgabe der Deutschen Gesellschaft für Herpetologie und Terrarienkunde (DGHT), Rheinbach, 78 S.

GRAY, J.E. (1860): Description of a new genus of Boidae discovered by Mr. Bates on the Upper Amazon. – Proceeding of Zoological Society, London, 28: 132–133.

HENDERSON, R.W., P. PASSOS & D. FEITOSA (2009): Geographic variation in the Emerald Treeboa, *Corallus caninus* (Squamata: Boidae). – Copeia 2009(3): 572–582.

HENKEL, F.W. & W. SCHMIDT (2008): Terrarien bauen und einrichten. – Eugen Ulmer, Stuttgart, 160 S.

KÖHLER, G. (1996): Krankheiten der Amphibien und Reptilien. – Eugen Ulmer, Stuttgart, 166 S.

LINNAEUS, C. (1758): Systema naturae per regna tria naturae, secundum classes, ordines, genera, species, cum characteribus, differentiis, synonymis, locis. Tomus I. Editio duodecima, Reformata. – Laurentii Salvii, Holmiae.

MUTSCHMANN, F. (2008): Erkrankungen bei Schlangen. – Edition Chimaira, Frankfurt am Main, 307 S.

ROSS, R.A. & G. MARZEC (1994): Riesenschlangen, Zucht und Pflege. – bede-Verlag, Ruhmannsfelden, 247 S.

RÜSCHOFF, B. & B. CHRISTIAN (2007): Reptilienpraxis. – Herpeton, Offenbach, 301 S.

VITT, R. & S. WISEMAN (2005): Grüner Baumpython und Grüne Hundskopfboa. – Kirschner und Seufer Verlag, Keltern-Weiler, 174 S.

WILMS, T. (2004): Terrarieneinrichtung. – Natur und Tier - Verlag, Münster, 127 S.

GRÜNER BAUMPYTHON
MORELIA VIRIDIS
Marcel Hoffmann · Markus Motz
Terrarien Bibliothek
Natur und Tier - Verlag

Der Grüne Baumpython ist die Traumschlange vieler Terrarianer. Vor allem die Fülle wunderschöner Lokal- und mittlerweile auch Zuchtformen macht diese ästhetische Riesenschlange so beliebt.
Das unentbehrliche Standardwerk für alle, die Erfolg mit *Morelia viridis* haben möchten!

Grüner Baumpython
Morelia viridis

M. Hoffmann, M. Motz

264 Seiten, 268 Farbfotos, 1 Karte
Format 17,5 x 23,2 cm, Hardcover, ISBN 978-3-86659-099-1

39,80 €

Natur und Tier - Verlag GmbH
An der Kleimannbrücke 39/41 · 48157 Münster
Telefon: 0251-13339-0 · Fax: 0251-13339-33
E-Mail: verlag@ms-verlag.de

Ernährung von Schlangen

D. Schmidt, K. Kunz

160 Seiten, 185 Fotos, 4 Grafiken
Format 16,8 x 21,8 cm
ISBN 978-3-937285-51-1

19,80 €

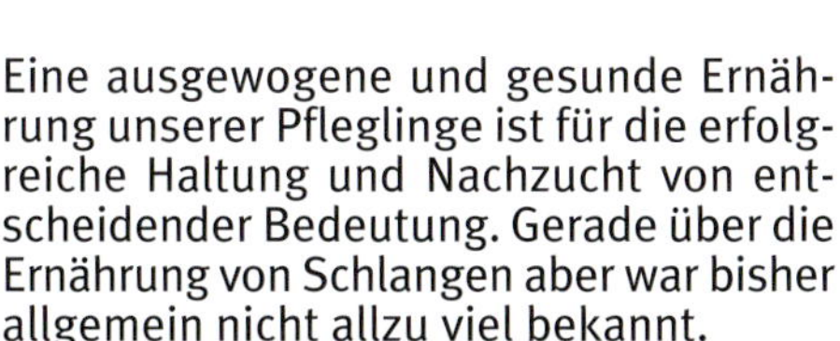

Eine ausgewogene und gesunde Ernährung unserer Pfleglinge ist für die erfolgreiche Haltung und Nachzucht von entscheidender Bedeutung. Gerade über die Ernährung von Schlangen aber war bisher allgemein nicht allzu viel bekannt.
Der langjährige, bekannte Schlangenexperte Dieter Schmidt sowie REPTILIA-Redakteur Kriton Kunz spüren in diesem Buch nicht nur den Ernährungsgewohnheiten und dem Beutespektrum der Schlangen in freier Natur nach und zeigen dabei viel Erstaunliches auf, sondern geben auch Aufschluss über Nährstoffgehalte verschiedenster Futtertiere sowie viele hilfreiche Praxistipps rund ums Thema Fütterung.

Terrarieneinrichtung

T. Wilms

128 Seiten, 181 Fotos, 1 Tabelle
Format: 16,8 x 21,8 cm
ISBN 978-3-931587-90-1

19,80 €

Nur in artgerecht eingerichteten Terrarien fühlen sich Ihre Pfleglinge wirklich wohl, zeigen das gesamte Verhaltensspektrum und pflanzen sich auch fort.
Der erfahrene Praktiker und DRACO-Redakteur Thomas Wilms erläutert in diesem wegweisenden Standardwerk nicht nur biologische Hintergründe, sondern bietet auch und vor allem detaillierte, leicht nachvollziehbare und ausführlich bebilderte Schritt-für-Schritt-Anleitungen für den Eigenbau sämtlicher Einrichtungsgegenstände – von Kunstfelsen über Rückwände bis hin zu Bachlauf und Wasserfall.

www.ms-verlag.de